2022 四川省
绿色建筑与建筑节能年度发展报告

四川省绿色建筑与建筑节能工程技术研究中心
四川省建设工程消防和勘察设计技术中心　主编
四 川 省 绿 色 节 能 建 筑 科 普 基 地

西南交通大学出版社
·成　都·

图书在版编目（CIP）数据

2022 四川省绿色建筑与建筑节能年度发展报告 / 四川省绿色建筑与建筑节能工程技术研究中心，四川省建设工程消防和勘察设计技术中心，四川省绿色节能建筑科普基地主编. -- 成都：西南交通大学出版社，2023.12
ISBN 978-7-5643-9725-8

Ⅰ. ①2… Ⅱ. ①四… ②四… ③四… Ⅲ. ①生态建筑 – 研究报告 – 四川 – 2022②建筑 – 节能 – 研究报告 – 四川 – 2022 Ⅳ. ①TU-023②TU111.4

中国国家版本馆 CIP 数据核字（2024）第 003430 号

2022 Sichuan Sheng Lüse Jianzhu yu Jianzhu Jieneng Niandu Fazhan Baogao

2022 四川省绿色建筑与建筑节能年度发展报告

四川省绿色建筑与建筑节能工程技术研究中心	
四川省建设工程消防和勘察设计技术中心	主编
四川省绿色节能建筑科普基地	

责任编辑	姜锡伟
封面设计	曹天擎
出版发行	西南交通大学出版社 （四川省成都市金牛区二环路北一段 111 号 西南交通大学创新大厦 21 楼）
邮政编码	610031
营销部电话	028-87600564　　028-87600533
网址	http://www.xnjdcbs.com
印刷	四川煤田地质制图印务有限责任公司
成品尺寸	210 mm × 285 mm
印张	5.75
字数	121 千
版次	2023 年 12 月第 1 版
印次	2023 年 12 月第 1 次
书号	ISBN 978-7-5643-9725-8
定价	48.00 元

图书如有印装质量问题　本社负责退换
版权所有　盗版必究　举报电话：028-87600562

《2022 四川省绿色建筑与建筑节能年度发展报告》
编写委员会

主管部门：四川省住房和城乡建设厅
主编单位：四川省绿色建筑与建筑节能工程技术研究中心
　　　　　四川省建设工程消防和勘察设计技术中心
　　　　　四川省绿色节能建筑科普基地

顾问委员会（以姓名笔画排序）

主　　任：熊　风
副 主 任：王德华　史杨华　吴　体　邱　磊　余佳蔚　郭德琛
　　　　　赖　伟
委　　员：于　忠　于潇潇　马　杰　王　武　王家良　付　宇
　　　　　乔振勇　任　鹏　刘　民　刘　超　江　维　李百毅
　　　　　李德江　李　彪　杨　曜　张　立　张国昊　张　晶
　　　　　张稼茂　陈　彬　钟辉智　贺　刚　袁艳平　贾　斌
　　　　　徐厚东　黄志强　黄　朗　常政威　蒋　毅　曾　卉
　　　　　詹进生

编制委员会

主　　编：高　波
副 主 编：于佳佳　胡彭超　倪　吉
成　　员：何婉艺　黄　建　施　毅　杨　森　王吉瑞　霍海娥
　　　　　袁中原　白文东　陈羽诺　付韵潮　李曼凌　刘　瑛
　　　　　李锦川　曾丽雯　袁丹丹　陈　波　魏　莹　赵　丽

吕原丽	龚 然	韩 舜	余恒鹏	巫朝敏	王梦苑
幸 运	苏英杰	张雪捷	徐 佳	王兵兵	夏茂钟
祁欣妍	高 伟	邱 壮	李欣娟	金 洁	吴文杰
陈红林	周耀鹏	刘 虎	刘 林	杨姝姮	张利俊
沈 琴	刘斐彦	周 渝	魏 阳	刘洪利	王晓丽
程银行	陈 波	王 强	孔泛宇		

支持单位/鸣谢单位

四川省建筑科学研究院有限公司
西南交通大学
西华大学
中国建筑西南设计研究院有限公司
中建西南咨询顾问有限公司
四川省建筑设计研究院有限公司
成都市建筑设计研究院有限公司
成都基准方中建筑设计有限公司
中建八局西南建设工程有限公司
国网四川省电力公司
四川零能昊科技有限公司
中国建筑节能协会
四川省土木建筑学会
四川省建设科技协会
四川省勘察设计协会
四川省房地产业协会
四川省制冷学会

序 言

绿色发展是顺应自然、促进人与自然和谐共生的发展,是用最小资源环境代价取得最大经济社会效益的发展,是高质量、可持续的发展。绿色成为新时代中国的鲜明底色,绿色发展成为中国式现代化的显著特征。城乡建设是推动绿色发展的重要载体,随着新型城镇化的加快推进、人民群众对美好人居环境需要的日益增长,它面临能源资源约束、生态环境污染等严峻问题。对此,城乡建设应积极适应新发展新要求,坚定不移走绿色低碳发展新道路,牢牢把握高质量发展首要任务,抢抓新一轮科技革命和产业变革新机遇,培育经济新增长点。

四川省自全面开启绿色建筑与建筑节能工作以来,立足资源禀赋,完善法规制度,构建标准体系,突出科技创新,提高新建建筑节能水平,推动既有建筑节能改造,加大可再生能源应用,促进绿色建材推广应用,实施建筑节能与绿色建筑新技术、新材料,持续提升居住环境品质,努力为人民群众提供高品质的好房子,城乡建设绿色发展取得显著成效,积累了系列成功经验和形成了优秀案例。

本报告是在四川省绿色建筑与建筑节能工程技术中心长期工作经验的基础上,征集全省绿色建筑与建筑节能相关素材、吸纳国际有关典型案例和先进经验而成的,向从事绿色建筑与建筑节能相关工作的住房城乡建设行政主管部门、科研院所、行业协会、高等院校等公布,以促进行业政策和技术交流,促进建筑行业绿色低碳转型。

鉴于精力和水平有限,书中难免有疏漏和不妥之处,敬请读者指正。

编制委员会
2023 年 11 月

目 录

第1章 发展概述 ··· 1
  1.1 四川省绿色建筑发展现状 ·· 1
    1.1.1 绿色建筑政策制定情况 ··· 1
    1.1.2 绿色建筑行业发展现状 ··· 2
    1.1.3 绿色建筑有效需求分析 ··· 5
  1.2 主要政策梳理 ·· 5
  1.3 四川省建筑领域低碳发展现状 ·· 6
    1.3.1 四川建筑领域基本现状 ··· 6
    1.3.2 四川建筑能源消耗与碳排放现状 ·· 7

第2章 科技创新 ··· 11
  2.1 理论与成果 ·· 11
    2.1.1 近零能耗建筑装配式围护结构关键技术研究与应用 ································ 11
    2.1.2 真空水流窗的热特性及其节能研究 ·· 17
    2.1.3 金属面真空绝热幕墙板 ··· 20
    2.1.4 慧眼观住建 ··· 22
  2.2 地方标准 ·· 27
    2.2.1 《四川省绿色建筑工程专项验收标准》 ··· 27
    2.2.2 《四川省民用建筑围护结构保温隔声工程应用技术标准》 ··················· 29
    2.2.3 《攀西地区民用建筑节能应用技术标准》 ··· 30
    2.2.4 《四川省碲化镉发电玻璃建筑一体化应用技术标准》 ·························· 30

第3章 应用实践 ··· 33
  3.1 绿色低碳国际案例 ··· 33
    3.1.1 西雅图布利特中心 ·· 33
    3.1.2 西班牙 LOOM Ferreteria 办公楼 ··· 37

  3.1.3 澳大利亚像素大厦 ·· 39
 3.2 绿色低碳国内案例 ··· 44
  3.2.1 近零能耗、超低能耗、零碳建筑 ··· 44
  3.2.2 绿色建筑 ·· 60
  3.2.3 节能改造 ·· 64
  3.2.4 可再生能源 ··· 65

第 4 章 经验做法 ·· 72

 4.1 国外经验做法 ·· 72
  4.1.1 国外零碳建筑发展经验 ··· 72
  4.1.2 国外零碳建筑评价体系 ··· 73
  4.1.3 国外立法相关制度经验 ··· 74
 4.2 国内经验做法 ·· 79
  4.2.1 省外经验做法 ·· 79
  4.2.2 省内市州经验做法 ·· 79

第 5 章 展望与探讨 ·· 82

 5.1 健全法规标准体系 ··· 82
 5.2 鼓励试点示范项目 ··· 82
 5.3 强化科技创新支撑 ··· 82

第1章

发展概述

1.1 四川省绿色建筑发展现状

1.1.1 绿色建筑政策制定情况

2022年1月12日，四川省住房和城乡建设厅等6部门发布《加快转变建筑业发展方式推动建筑强省建设工作方案》，明确到2025年，绿色建筑实施规模化发展，城镇新建民用建筑中绿色建筑占比达100%；城镇新建民用建筑严格执行节能设计标准，推动重点地区、重点建筑逐步提高节能标准，大力推进超低能耗、近零能耗、低碳建筑规模化发展；全省城镇新建民用建筑全面执行绿色建筑相关标准，不断增加星级绿色建筑数量；加强绿色建筑全过程质量管理，建立绿色建筑专项验收制度；结合城镇老旧小区改造、城市更新等工作，推动既有建筑节能改造；因地制宜推动可再生能源建筑应用和建筑领域电能替代；加强建筑垃圾管理，推进建筑垃圾源头减量与资源化利用；到2025年，地级及以上城市城区建筑垃圾资源化利用率不低于80%，县级城市（含县城）建筑垃圾资源化利用率不低于60%。

2022年9月30日，四川省住房和城乡建设厅发布《四川省民用绿色建筑设计施工图阶段审查技术要点（2022版）》，以进一步提升四川省绿色建筑发展水平，提高绿色建筑设计质量。

2022年11月16日，四川省住房和城乡建设厅发布《四川省绿色建筑工程专项验收标准》，以加强四川省绿色建筑工程施工质量管理，落实绿色建筑设计目标，规范绿色建筑工程施工质量验收。

各市州落实相关政策，工作亮点如下：

（1）成都市开展年度专项检查，两次组织对全市绿色建筑实施情况进行检查，通报检查情况并对存在问题的市场主体实施信用扣分；开展绿色建筑用能监管，升级成都市公共建筑能耗监测信息化系统，新增能耗在线监测公共建筑34栋；超额完成全市2 526栋建筑（5 196万 m^2）和21个行政村（552.4万 m^2）的能源资源消耗统计；出台了《成都市绿色建筑促进条例》，为绿色建筑发展提供了地方法规保障。

（2）由德阳市住房和城乡建设局编制的《德阳市绿色建筑专项验收、绿色建筑标识管理实施细则》（德建发〔2022〕239号）文件中明确了德阳市绿色建筑专项验收程序、星级申报程序和审查程序；进一步强调要加强绿色建筑标识认定工作权力运行制约监督机制建设、强化绿色建筑运行管理以及运行指标与申报绿色建筑星级指标比对；获得绿色建筑标识的项目进行改建、扩建后，原绿色建筑标识自动失效。此外，德阳市住房和城乡建设管理部门发现获得绿色建筑标识的项目存在问题（整改期限内未完成整改、伪造技术资料和数据获得绿色建筑标识、发生重大安全事故），应撤销绿色建筑标识，并收回证书和标牌。此外，德阳市申报一星级绿色建筑标识项目13个，建立《德阳市绿色建材名录库》并向社会发布。

（3）绵阳市住房和城乡建设委员会印发《绵阳市绿色建筑一星级标识管理细则》（绵住建委发〔2022〕88号），明确星级建筑标识授予、撤销、管理工作机制，积极筹备组建专家库，认真组织文件宣贯，组织审查认定一星级绿色建筑标识项目1个；培育3家优质保温隔音部品部件企业，引导4家省级装配式建筑基地企业提升绿色生产能力，促进"产学研用"一体发展，创建"绵阳造"绿色建筑创新技术集群品牌建设示范企业3个。

1.1.2 绿色建筑行业发展现状

1. 绿色建筑标识项目现状

截至2022年年底，全国获得绿色建筑评价标识的项目累计达到2.5万个，建筑面积超过15亿 m^2。全国省会以上城市保障性住房、政府投资公益性建筑、大型公共建筑开始全面执行绿色建筑标准，北京、天津、上海、重庆、江苏、浙江、山东、广东、河北、福建、广西、宁夏、青海等地开始在城镇新建建筑中全面执行绿色建筑标准。江苏、浙江、宁夏、河北、辽宁和内蒙古等地先后开展绿色建筑立法实践，颁布了《绿色建筑发展条例》等法规文件。

截至2022年年底，四川省获得绿色建筑评价标识的项目累计达到1 039个，建筑面积超过9 000万 m^2。其中：一星级项目142个，占全省绿色建筑标识总数量的56.1%，总建筑面积为2 079.64万 m^2；二星级项目72个，占全省绿色建筑标识总数量的28.5%，总建筑面积为930.83万 m^2；三星级项目39个，占全省绿色建筑标识总量的15.4%，总建筑面积为360.85万 m^2。全省15个市州全面执行居住建筑节能65%设计标准，设计阶段100%达到节能标准要求。

2. 绿色建筑标识项目星级分布现状

四川省范围内绿色建筑标识项目星级主要分布在一星级和二星级，分别占比76.23%和18.19%，三星级占比5.58%，如图1-1所示。

全国范围内具有标识的项目主要集中在华东地区，占比41.83%，如图1-2所示。

四川省范围内具有标识的项目主要集中在德阳市和成都市，分别占比44.08%和26.66%，如图1-3所示。

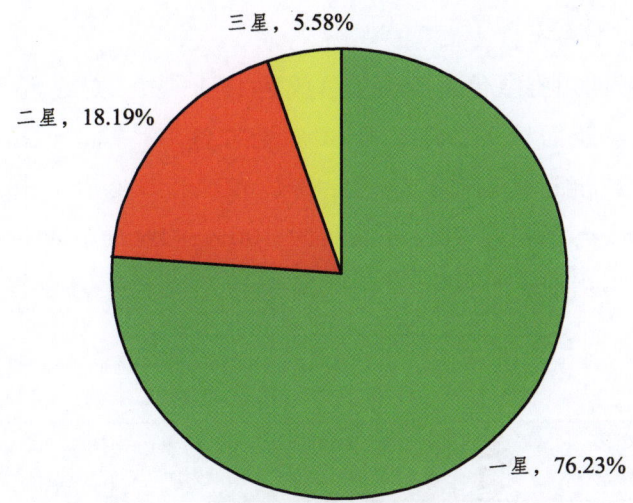

图 1-1　四川省绿色建筑标识项目星级分布

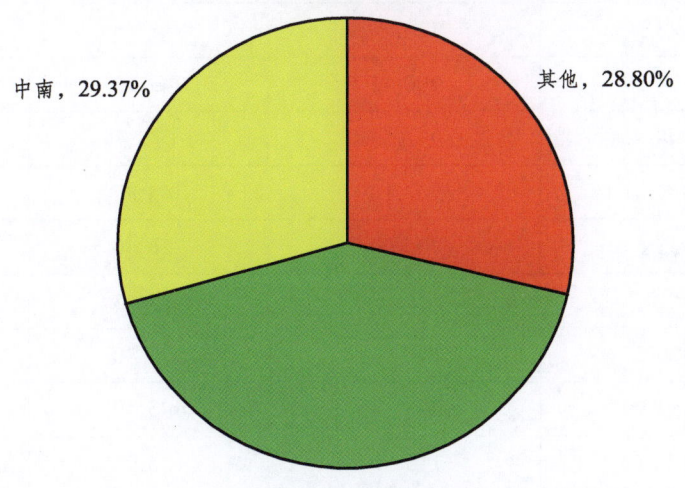

图 1-2　全国绿色建筑标识项目地区分布

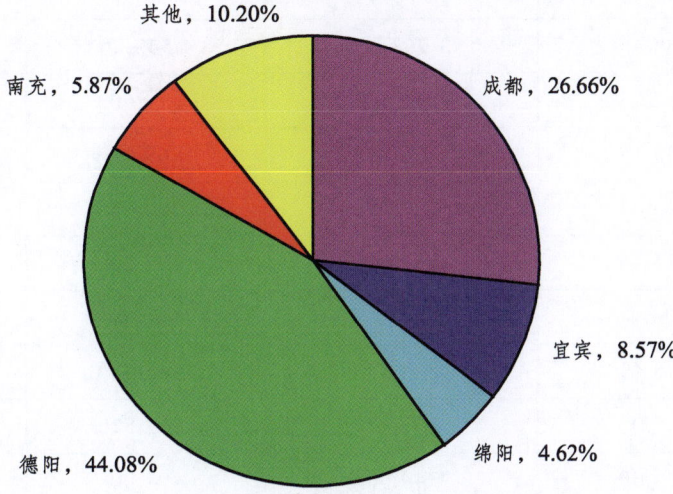

图 1-3　四川省绿色建筑标识项目地区分布

3. 绿色建筑发展规模分析

截至 2022 年年底，四川省绿色建筑项目总数达 13 131 个，总建筑面积达 70 887.6 万 m^2。2022 年城镇新增绿色建筑面积 11 958.2 万 m^2。全省各市（州）城镇新建绿色建筑占新建建筑比例均大于 70%，全省平均占比为 85.43%。21 个市（州）中：有 5 个市（州）新建绿色建筑占新建建筑比率超过 90%，最高为 100%；16 个市（州）新建绿色建筑占新建建筑比率超过 80%。当前，四川省绿色建筑市场发展规模存在较为明显的地区差异，见表 1-1。

表 1-1 各市州绿色建筑规模统计

市（州）	城镇累计建成绿色建筑面积/万 m^2	2022 年城镇新增绿色建筑面积/万 m^2	2022 年城镇新建建筑面积/万 m^2	2022 年城镇绿色建筑占新建建筑比例/%
绵阳	2 841.00	764.30	764.30	100.00
南充	3 722.32	721.71	748.75	96.39
眉山	6 633.29	900.45	942.92	95.50
泸州	4 098.96	972.53	1 032.44	94.20
德阳	8 062.61	702.18	764.97	91.79
广元	1 032.64	205.00	228.40	89.75
雅安	613.03	259.48	289.23	89.71
巴中	1 320.57	180.01	203.20	88.59
凉山	1 454.99	407.18	475.49	85.63
阿坝	702.78	115.50	135.02	85.54
攀枝花	432.42	109.73	129.94	84.45
乐山	2 822.00	413.00	494.00	83.60
成都	20 800.00	3 763.00	4 553.00	82.65
遂宁	1 887.05	296.97	359.60	82.58
宜宾	3 135.15	706.88	869.96	81.25
资阳	2 246.04	407.05	504.05	80.76
自贡	2 123.45	239.63	307.20	78.00
甘孜	202.64	30.35	40.46	75.01
达州	3 095.43	265.35	365.43	72.61
广安	1 210.90	251.97	352.51	71.48
内江	3 138.00	349.00	491.00	71.08
合计	71 575.27	12 061.27	14 051.87	85.83

1.1.3 绿色建筑有效需求分析

到 2022 年，当年城镇新建建筑中绿色建筑面积占比超过 70%，符合四川省绿色建筑创建行动方案。星级绿色建筑数量持续增加，居住建筑品质不断提高，建设方式初步实现绿色转型，能源、资源利用效率持续提升，科技创新推动建筑业高质量发展作用初显，人民群众积极参与绿色建筑创建活动，形成崇尚绿色生活的社会氛围。健康的绿色建筑市场需要强有力的地区经济支撑，地区的经济发展水平是影响绿色建筑市场规模的主要因素之一，经济水平影响绿色建筑市场的需求侧和供给侧。在需求方面，区域经济结构推动绿色建筑的发展需求。经济发达、活跃的地区吸引对高质量建筑有需求的中高收入人群成为追求绿色办公、绿色住宅、绿色生活的消费者。在供给方面，经济的增长可以刺激房地产开发商对绿色建筑有更多的需求，在经济高度发达的地区产生集聚效应，有效降低绿色建筑的最终成本。经济、房地产活动较强的大城市会吸引绿色建筑在本地区的发展和延伸，由于绿色投资所带来的丰厚回报，房地产开发商将向其他开发商发出信号，激烈的市场竞争可能会加快周围辐射地区绿色建筑的开发并吸引其他开发商进行绿色建筑项目的开发，反之亦然。而四川省各地区经济发展仍存在明显差距，发展不平衡、不充分的问题依然较为突出，绿色建筑市场有效需求的地区差异较大。

1.2 主要政策梳理

2022 年 3 月 14 日，中共四川省委、四川省人民政府联合印发《关于完整准确全面贯彻新发展理念 做好碳达峰碳中和工作的实施意见》，指出应强化绿色低碳发展规划引领、优化绿色低碳发展区域布局、加快形成绿色生产生活方式以推动经济社会绿色全面转型。

2022 年 5 月 16 日，中共四川省委办公厅、四川省人民政府办公厅联合印发《关于推动城乡建设绿色发展的实施方案》，要求：到 2025 年，全省城乡建设绿色发展的体制机制和政策体系基本建立，建设方式绿色转型成效显著，碳减排扎实推进；到 2035 年，全省城乡建设全面实现绿色发展，碳减排水平快速提升。

2022 年 12 月 30 日，四川省财政厅、四川省住房和城乡建设厅、四川省经济和信息化厅《关于转发〈财政部住房城乡建设部工业和信息化部关于扩大政府采购支持绿色建材促进建筑品质提升政策实施范围的通知〉的通知》，指出各有关城市要运用政府采购政策积极推广应用绿色建筑和绿色建材，大力发展装配式、智能化等新型建筑工业化建造方式，全面建设二星级以上绿色建筑，形成支持建筑领域绿色低碳转型的长效机制，引领建材和建筑产业高质量发展，着力打造宜居、绿色、低碳城市。

2022 年 12 月 31 日，四川省人民政府印发《四川省碳达峰实施方案》，文件中提出要围绕建设世界级优质清洁能源基地，实施能源绿色低碳转型行动；强调了要全面提高能源资源利用效率，实施节能降碳增效行动；同时稳步巩固提升碳汇能力。

1.3 四川省建筑领域低碳发展现状

1.3.1 四川建筑领域基本现状

1. 城乡人口

根据国家统计局数据来源分析，2021 年四川省城镇人口达到 4 840.7 万，农村人口 3 531.3 万，城镇化率从 2012 年的 43.4%增长到 57.8%，如图 1-4～图 1-6 所示。

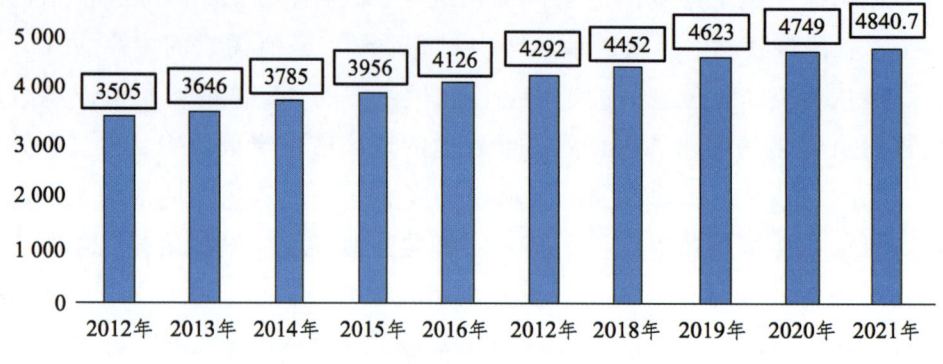

图 1-4　2012—2021 年四川省城镇人口数据统计

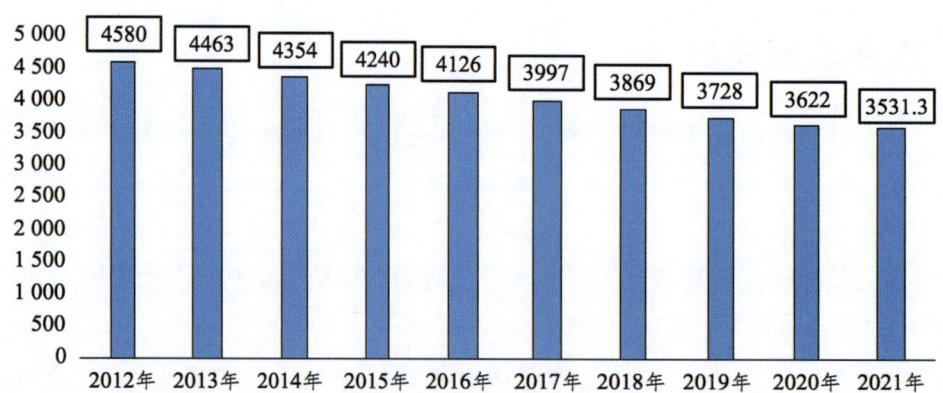

图 1-5　2012—2021 年四川省乡村人口数据统计

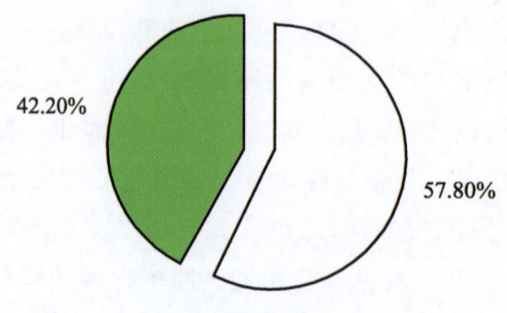

图 1-6　2021 年四川省常住人口城乡比例数据统计

大量人口由乡村向城镇流入是城镇化的基本特征,四川省城镇化过程中人口主要集中在省会城市和市级城市。

2. 建筑面积

如图1-7所示,2001年至2014年,四川省民用建筑面积由24.4亿 m^2 扩张至48.5亿 m^2,年均增长率为5.5%,略高于同时期全国总建筑面积增长率。其中,城镇公共建筑面积占比由7.6%提升至10.7%,城镇居住建筑面积占比由14.4%提升至29.8%,而农村居住建筑面积占比由78.2%降低至59.9%。上述三类建筑均密集分布于四川省东部盆地以成都市、自贡市、德阳市等为代表的地级市。与全国建筑面积构成情况相比,四川省的农村居住建筑占比明显较高,反映了四川省城市化率较低的现状。

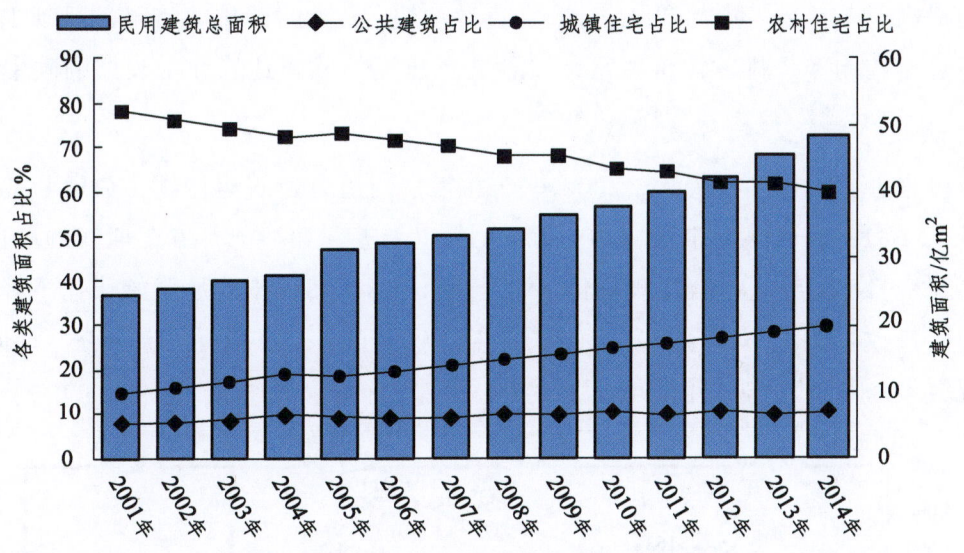

图1-7 四川省民用建筑面积及构成变化趋势

1.3.2 四川建筑能源消耗与碳排放现状

1. 建筑建造能耗与碳排放现状

2000年以来,四川省建筑业规模不断扩大,与之相应的,建筑施工碳排放也一直保持着高增长速度。如图1-8所示,20年间,施工碳排放从131万 tCO_2 增长至861万 tCO_2,年均增速为9.9%。其中,"十五"和"十一五"期间增速超过10%,2010年后增速有所放缓,但也保持在7%以上。

建筑施工机械、设备及车辆多直接消耗化石能源,且四川省电力排放因子较低,这导致直接排放成为施工阶段最主要的排放来源,2014年后其占比超过90%。而电力排放仅占建筑业碳排放的很小一部分。

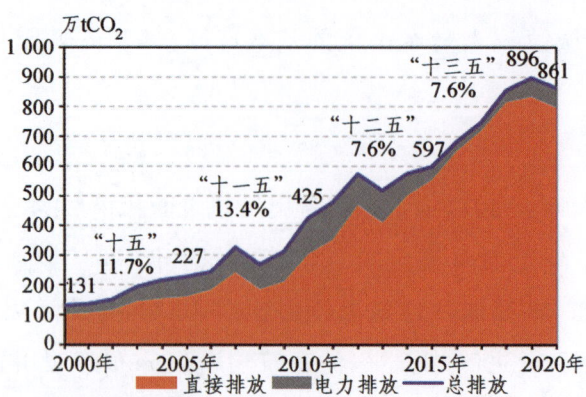

图 1-8　四川省建筑施工阶段碳排放（2000—2020 年）

整体来看，四川省城乡建设领域建筑业的碳排放不容小觑，特别是随着四川省未来城镇化率的提高，城市及县城人口集中，城乡建设加快，未来的碳排放将不断呈现上升趋势，需要做好总量控制和碳排放评价体系，引导城乡建设领域碳达峰和中长期的碳中和规划。

2. 建筑运行能耗与碳排放现状

分阶段来看，如图 1-9 所示，2000—2020 年，四川省建筑运行碳排放增长趋势明显，排放总量从 2 318 万 tCO_2 增长至 3 208 万 tCO_2，"十五"和"十一五"期间的增速分别为 6.4% 和 3.8%。2012 年，排放出现峰值 4 119 万 tCO_2，其后排放量开始快速下降，"十二五"期间碳排放量年均下降 4.1%，至 2015 年已到 3 099 万 tCO_2。"十三五"期间，碳排放量重现缓慢增长的趋势，年均增速为 0.7%。

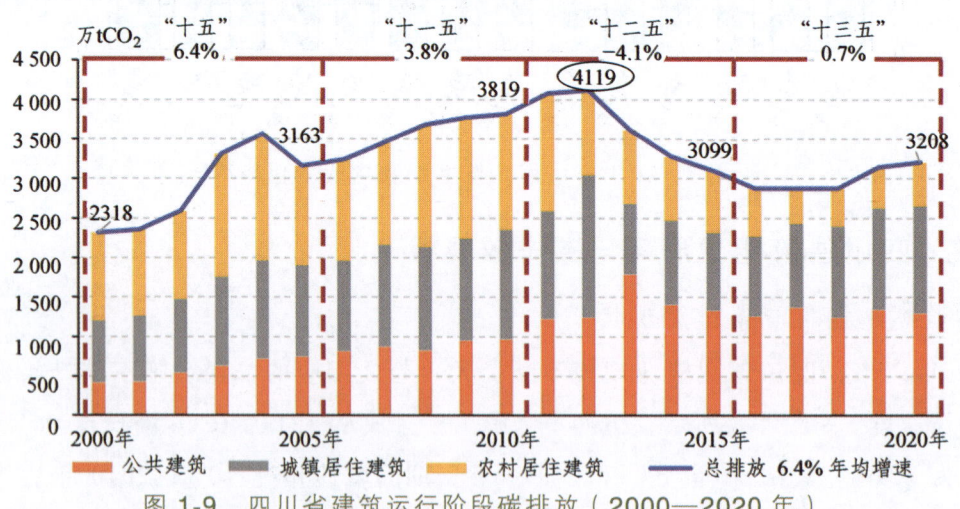

图 1-9　四川省建筑运行阶段碳排放（2000—2020 年）

"十二五"期间的排放量峰值和之后的快速下降主要是由这期间建筑能耗总量波动、能源结构的快速转变和电力碳排放因子的下降共同引起的。

根据不同排放类别，如图 1-10 所示，建筑运行阶段直接碳排放在 2012 年前呈现出较为明显的上升趋势，最高在 2012 年达到了 2 814 万 tCO_2，之后的年份中呈现波动下降趋势。电力碳排放经历了"增长—下降—再增长"的阶段，2013 年之前随着电力能耗的增加而快速增长；之后直至 2017 年，随着电力碳排放因子的下降呈现出近乎断崖式的下降，2017 年电力碳排放仅为 164 万 tCO_2，仅占建筑运行碳排放的 17.3%；在之后，随着电力用能需求的二次增长，电力碳排放再次呈现出增长趋势。

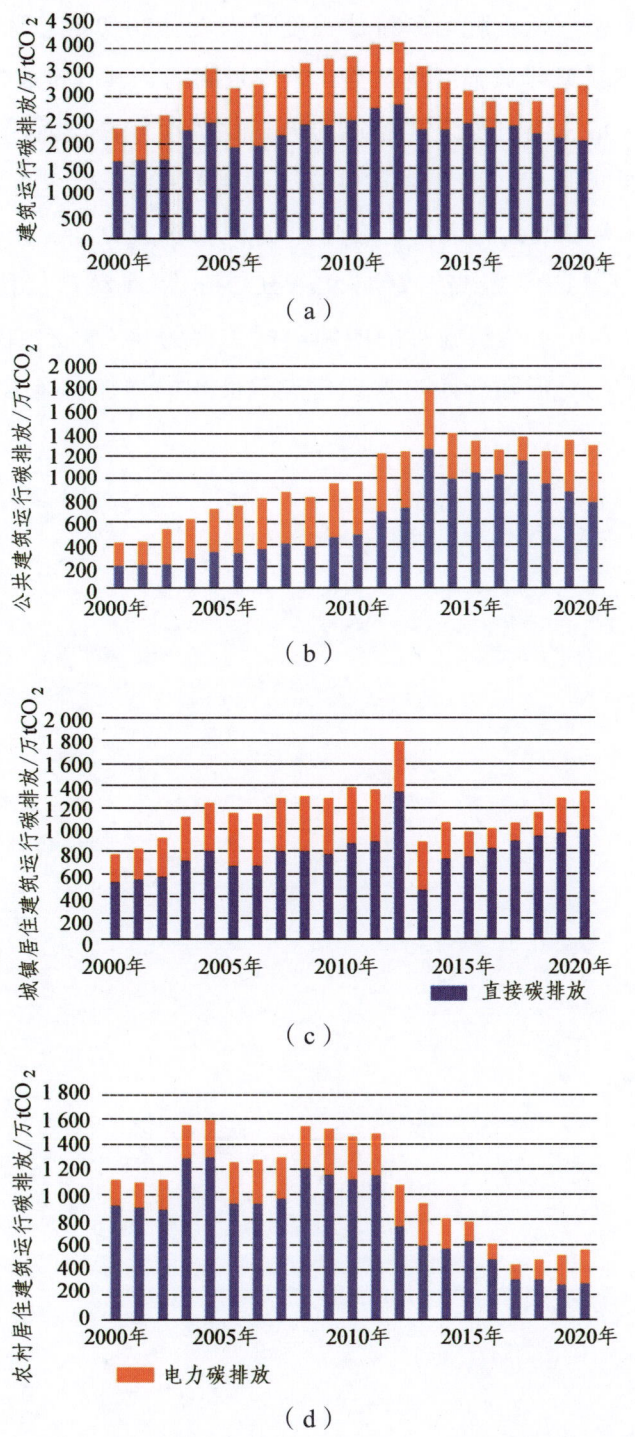

图 1-10　四川省建筑运行各分项碳排放（2000—2020 年）

3. 总结

四川省建筑能源消耗和碳排放在2000—2010年间增长趋势明显，其中建筑运行部分，公共建筑能耗强度最大，主要与近几年建筑面积的不断增长及新建的一些大体量并应用大规模集中系统的建筑有关。从能耗与碳排放强度量来看，2020年全省建筑运行能耗强度为5.67 kgce/m^2。公共建筑的碳排放强度是三类建筑中最高的，其碳排放强度为12.41 kgce/m^2，是城镇居住建筑的4.8倍。但由于公共建筑的电气化程度较高，而四川省有着水电资源丰富、电力碳排放因子低的优势，这使得其单位能耗碳排放（1.29 kgCO$_2$/kgce）要略低于全省平均水平（1.31 kgCO$_2$/kgce）。最终，在单位面积碳排放方面，全省建筑运行碳排放强度为7.44 kgCO$_2$/m^2，公共建筑最高，为15.98 kgCO$_2$/m^2，是城镇居住建筑的4.6倍，是农村居住建筑的14倍。四川省建筑施工的能源消耗主要为化石燃料直接消耗，碳排放虽然仅占建筑全过程的21.2%，但随着四川省新建建筑面积的增加，施工能耗及碳排放也将持续增加。

第 2 章

科技创新

绿色建筑与建筑节能行业的发展离不开科技创新驱动和技术标准规范支撑。2022 年，四川省在绿色建筑与建筑节能领域的科研课题和技术标准规范持续发力，取得一定成效，助推绿色建筑与建筑节能行业高质量发展。

2.1 理论与成果

2022 年，四川省围绕碳达峰碳中和、绿色建造等领域，开展绿色建筑与建筑节能相关科研课题研究工作，形成了较多的研究成果。现主要介绍部分研究成果如下。

2.1.1 近零能耗建筑装配式围护结构关键技术研究与应用

1. 研究背景

《中共中央国务院关于完整准确贯彻新发展理念做好碳达峰碳中和工作意见》中明确提出大力发展低能耗建筑、高效节能围护结构与材料，而高性能围护结构是降低建筑能耗、实现"双碳"目标的关键途径和基础之一。现有建筑围护结构施工复杂、效率低、能耗高、开裂脱落、保温隔热系统寿命低于 25 年。因此研发多功能一体装配式围护结构，是建筑行业高质量发展与"双碳"目标的重大需求，也是行业国际研究前沿。在国家科技重点研发计划、自然科学基金等项目支持下，历经 10 多年，围绕建筑围护结构热工与节能设计方法、装配式外围护体系与产品等关键技术开展研究和工程应用，解决了长期困扰建筑围护结构在气候、荷载、物性变化等多因素作用下保温隔热难以兼顾，负荷计算不准，以及集结构、节能、耐候、装饰等多功能为一体的装配式围护结构的耐久安全的技术难题。当前研发近零能耗建筑装配式围护结构，亟待解决以下关键问题：

（1）国内外现有近零能耗技术理论是基于北方地区以供暖建筑为背景的稳态负荷计算理论与方法，缺乏与不同气候相适应的动态技术理论与设计方法。

（2）我国现有建筑外围护结构 90% 以上的水泥基外墙难以满足"近零能耗建筑"的节能要求。

（3）缺乏适用于不同气候区近零能耗建筑的集结构、节能、防火、耐候、装饰为一体的多种复合装配式围护结构及技术体系。

2. 研究内容

1）近零能耗建筑围护结构热工与节能设计原理与方法

针对太阳辐射、室外气温波动、长波辐射以及室内外热过程双向传递对建筑室内热环境与热稳定性的关联多因素协同影响，建立建筑热性能与冷热负荷围护结构动态计算模型和方法，如图2-1所示。

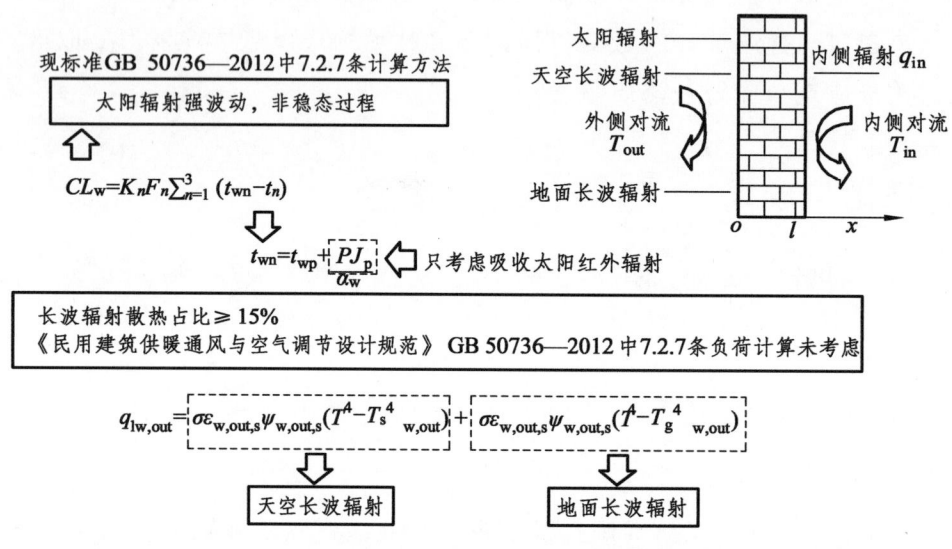

图 2-1　建筑空调冷负荷围护结构动态计算模型

2）集结构保温、耐候、装饰为一体的围护结构材料和制备技术

揭示泡沫形成动力学，骨料、浆体密度和黏度的相关性，混凝土动压力、静压力、液膜水分迁移与泡沫稳定性的相关性，研发出泡沫高稳定、组分可调的新型微孔混凝土发泡剂，发泡倍数达100倍。

通过控制发泡泡沫、浆体与轻质骨料的混合时序、搅拌强度与时间，解决了浇筑过程中陶粒、煤制气渣等轻骨料在混凝土中分布不均匀、浇筑高度落差大、冲击强、泡沫不稳定的难题（图2-2）。复合大板界面黏结强度≥0.85 MPa，解决了不同材料界面间开裂、协同受力和耐久性问题（图2-3）。

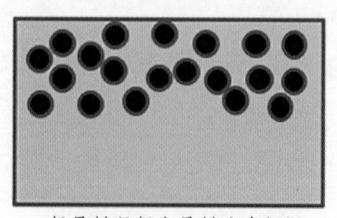
轻骨料混凝土骨料分布问题

混凝土底部消泡

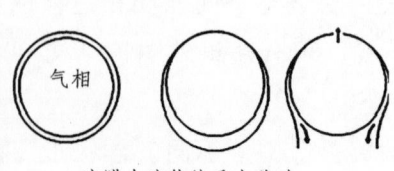
液膜内液体的重力移动

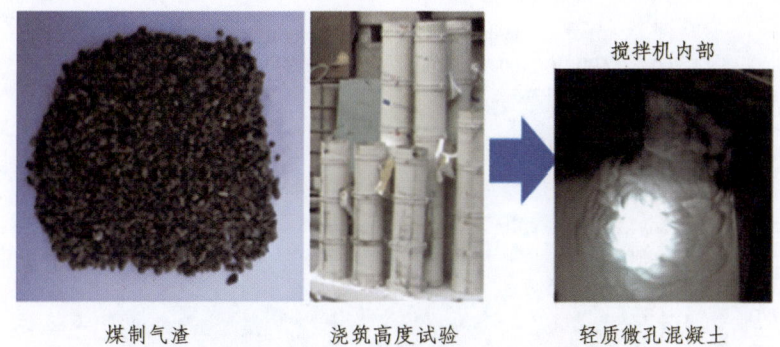

图 2-2 轻质微孔混凝土生产骨料分布与液膜流动规律

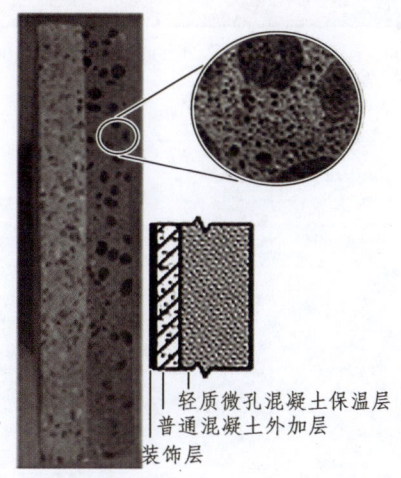

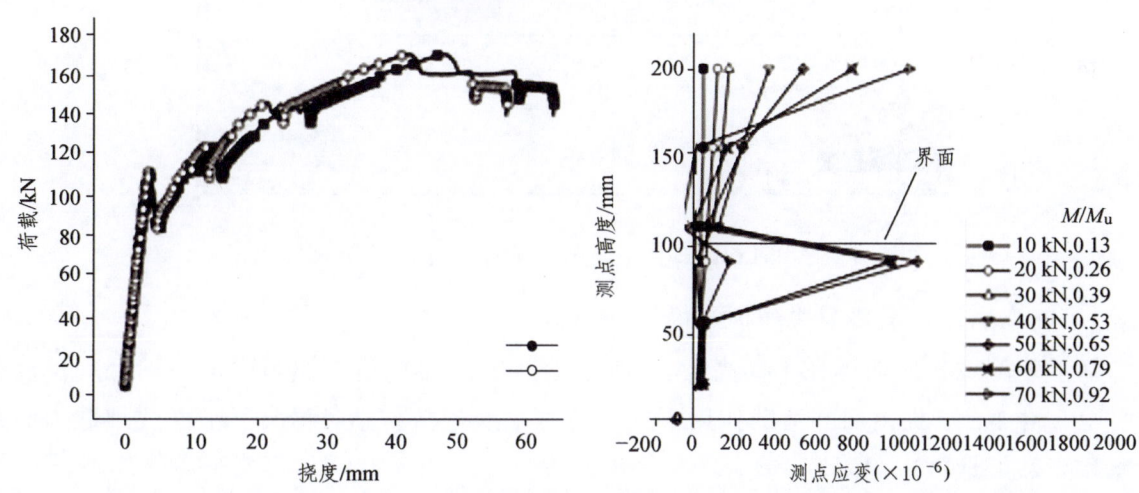

图 2-3 微孔混凝土和普通混凝土的协同受力特点

采用纳米级氧化银和磁控溅射镀膜工艺，遮挡>780 nm 红外辐射能量，实现了超白玻三银 Low-E 中空玻璃可见光透过率≥0.62、普通三银 Low-E 中空玻璃可见光透过率≥0.46、太阳红外热能总透射比≤0.047 的理想指标，如图 2-4 所示。

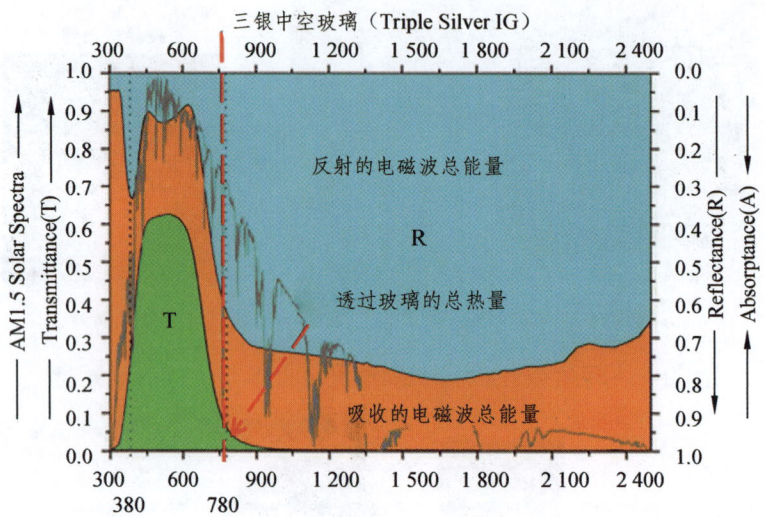

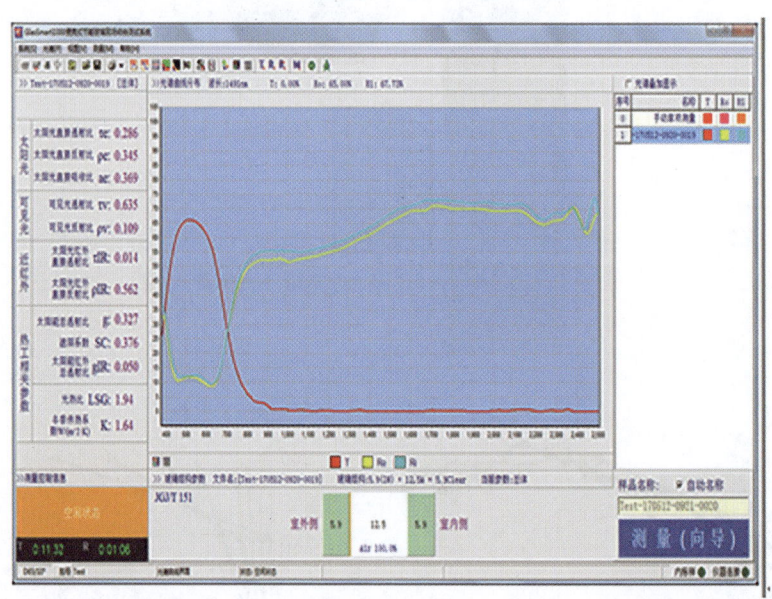

图 2-4　三银 Low-E 中空玻璃太阳红外热能总透射比测试

3）近零能耗建筑装配式围护结构设计建造关键技术

基于装配式轻质墙体在不同高度、不同连接方式、不同拼缝填料强度下的低周反复荷载实验（图 2-5），提出面外荷载作用下的计算方法及连接构造，解决了平面外承载力验算难题和高烈度地区应用限制。

建立了玄武岩纤维复合墙板力学模型，提出了计算方法和连接构造，解决了纤维材料各向异性、抗弯性差、连接困难等难题，如图 2-6、图 2-7 所示；开发出适宜不同气候区，集装饰、防火、节能、耐候为一体的装配式复合外墙系统，形成了工业化墙板生产工艺、标准化产品、设计施工验收标准。

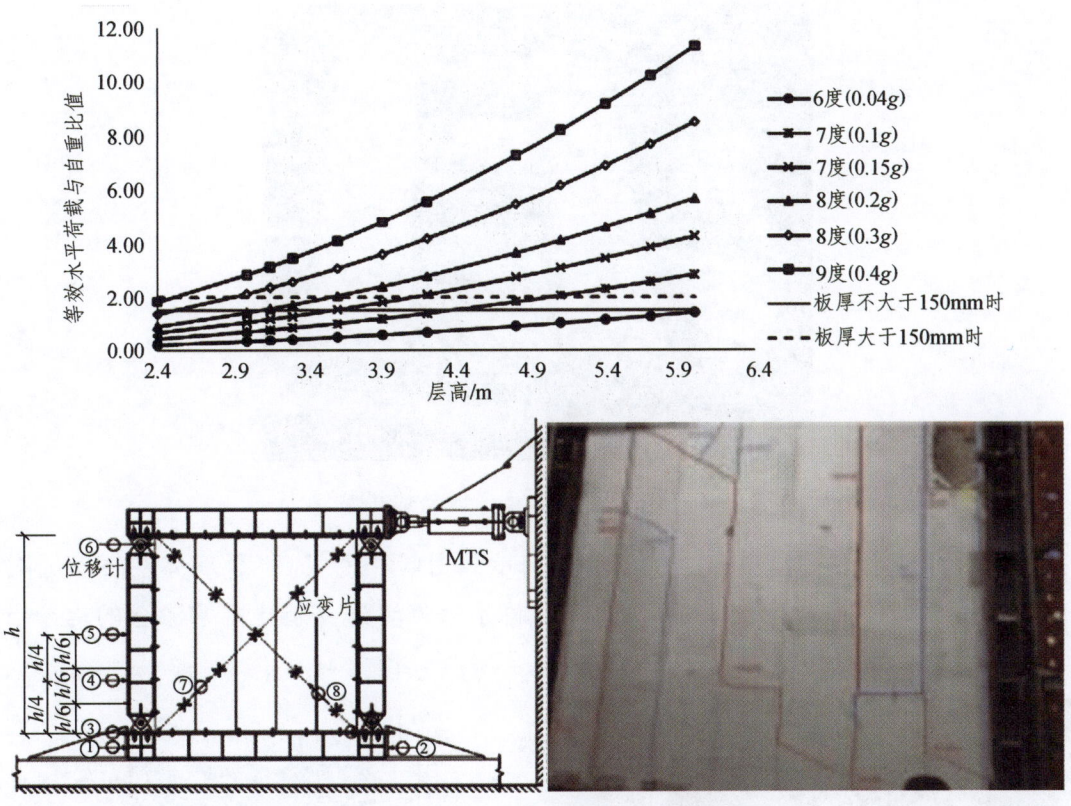

图 2-5 装配式轻质墙体实验

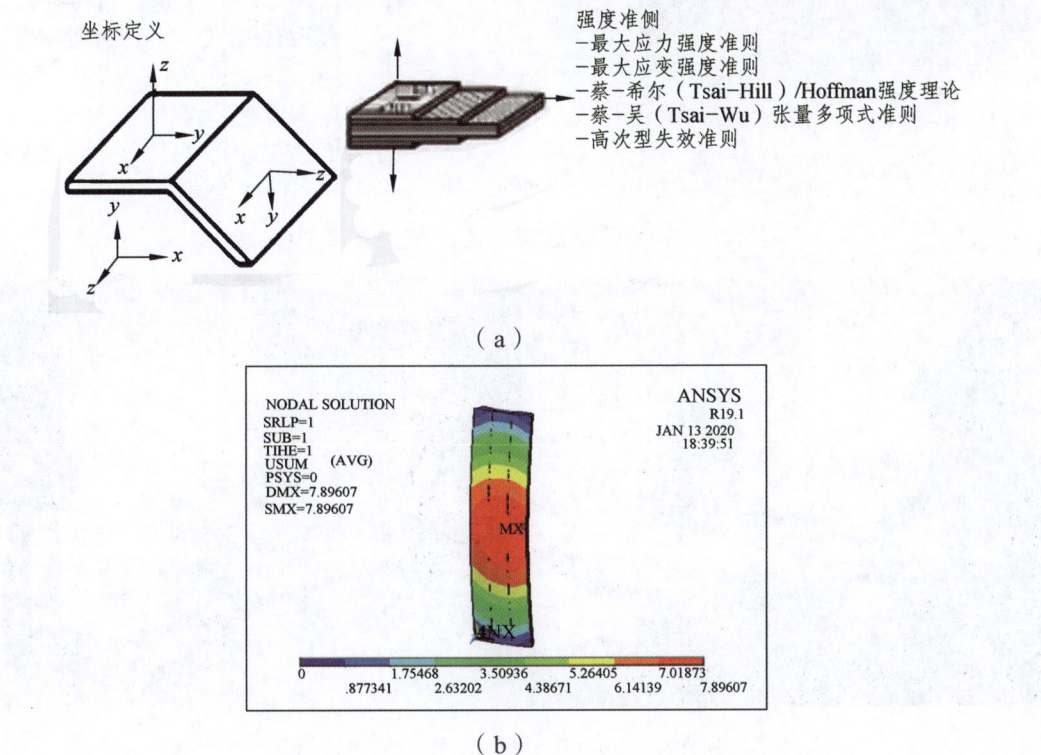

图 2-6 玄武岩纤维复合板构造强度验算

图 2-7　玄武岩纤维复合板外墙板构造

提出木骨架组合墙体连接节点抗压和受剪承载力验算公式、复合墙体空气渗透附加热损失的计算方法（图 2-8、图 2-9），研发出允许水蒸气渗透并阻止雨水渗透的构造措施。

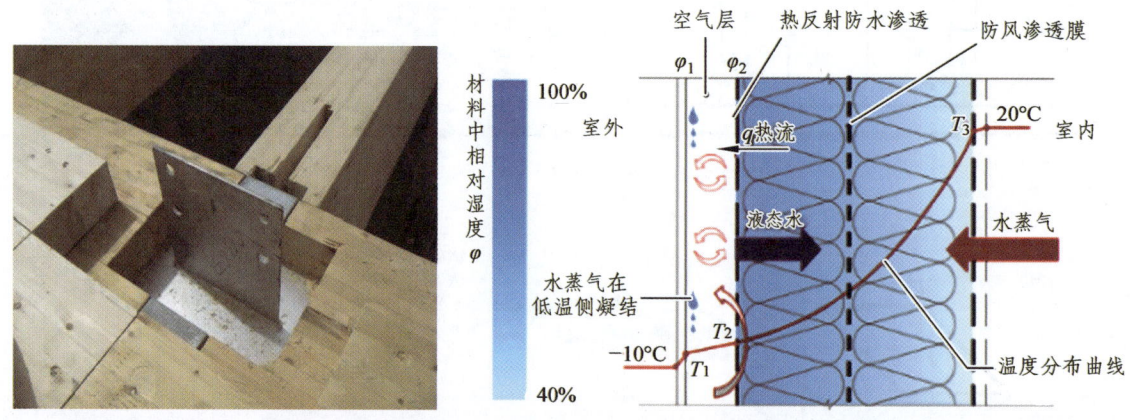

图 2-8　木骨架组合墙体连接与防水渗透构造

图 2-9　木骨架组合墙体装配式墙板

3. 创新性及研究成果

1）创新性

（1）提出了近零能耗建筑围护结构热工与节能设计原理及方法。

提出了在气温、太阳辐射、长波辐射耦合作用下，建筑热过程双向传递的冷热负荷动态计算模型和方法；建立了多孔材料热湿物性参数计算模型、实验测试与热湿破坏评估方法；确定了微孔混凝土孔隙形态、连通状态、分布的热工与力学性能耦合的最佳参数；首次测量出可见光段热量比率，修正了设计标准中光热转换的计算错误，提出了"透光不透热"的理想透明围护结构隔热设计原理与方法。

（2）发明了集结构保温、耐候、装饰为一体的围护结构材料和制备技术。

发明了连通与非连通多孔轻质微孔混凝土高效保温隔热复合装配式墙板，解决了混凝土围护结构力学性能和热物理性能相互制约的关键技术瓶颈；揭示了微孔混凝土和普通混凝土界面强度和耐久性、协同受力的机理，形成了复合大板性能稳定的工业化生产技术；研发出可见光透过率 > 60%、红外太阳光反射率 > 0.94 的理想遮阳隔热玻璃，解决了透光与隔热难以兼顾的难题。

（3）建立了近零能耗建筑装配式围护结构设计建造关键技术。

提出了装配式轻质墙体在面外荷载作用下的计算方法，解决了 9 度抗震设防区应用受限的难题；研发出近零能耗建筑装配式微孔混凝土墙板、纤维复合墙板、组合木骨架墙板等围护结构的连接构造技术，解决了装配式围护结构存在的气密性差、热桥多、耐久性差等难题，建立了集结构、节能、防火、耐候与装饰于一体，并与建筑同寿命的近零能耗建筑装配式围护结构技术体系。

2）研究成果

该成果获授权发明专利 12 项、实用新型专利 21 项，出版学术专著、设计手册 3 部，发表论文 152 篇（SCI/EI 收录 62 篇，核心期刊 37 篇），培养博士、硕士 12 名；成果已被 28 部国际、国家、行业、地方标准和图集所用；被授予"国家装配式建筑产业基地""四川省钢木结构装配式建筑研究中心""中国建筑绿色建造工程研究中心"称号；研究成果在成都天府国际机场航站区、中建科技成都绿色建筑产业园办公楼等国家重点、示范工程中得到应用，应用建筑面积近 1 100 万 m^2；直接经济效益 33 余亿元，间接经济效益超百亿元，经济、社会和生态环境效益巨大。

2.1.2 真空水流窗的热特性及其节能研究

1. 研究背景

《中国建筑节能年度发展研究报告 2022》的研究数据显示，建筑建造以及运行过程的碳排放占全社会碳排放总量的近 40%；随着我国建筑面积进一步增加和服务保障水平进一步提升，建筑领域的碳排放总量和占比等仍将持续上升。空调、通风、照明等造成的运行能耗是建筑能耗的主要构成部分。而通过围护结构传热所导致的采暖与制冷能耗，占建筑总运行能耗的60%以上。国际能源署（IEA）2021年度的研究报告显示，改善建筑围护结构性能、降低建筑制冷与采暖能耗对实现建筑节能与净零排放至关重要。因此，寻求建筑领域的低碳技术路径、探索建筑围护结构的技术创新、调整能源结构、构建适应"双碳"目标要求的低碳建筑技术及能源系统，对在全社会范围内实现"双碳"目标至关重要。

水流窗是一种兼备太阳能集热、遮阳、隔热等功能的新型围护结构技术，其应用能够有效降低建筑运行能耗并实现太阳能和地热能等可再生能源的利用，大幅提升建筑综合能效。本项目将真空玻璃应用于水流窗，提出真空水流窗技术，以进一步强化其保温隔热性能，实现气候适应性的运行节能和围护结构一体化的可再生能源利用。

2. 研究内容

真空水流窗的结构和工作原理如图2-10所示，窗体主要由真空玻璃与普通玻璃组成，玻璃之间构成的水流层设有液体入口和出口。夏季供冷应用中，液体流动通道靠近室外布置，将低温水供入液体流动通道后，水流会吸收太阳热和来自室内外环境的热量以减少室内得热，同时，内侧的真空玻璃会进一步削弱向室内传递的热量；这部分热量通过水流将其带走利用，进一步提高建筑物对太阳能的利用率。冬季工况应用中，液体流动通道靠近室内布置，低温热水会被通入液体流动通道以便于向室内散热，而外侧的真空玻璃起保温作用，减少热量向室外散失，以强化热量的利用。

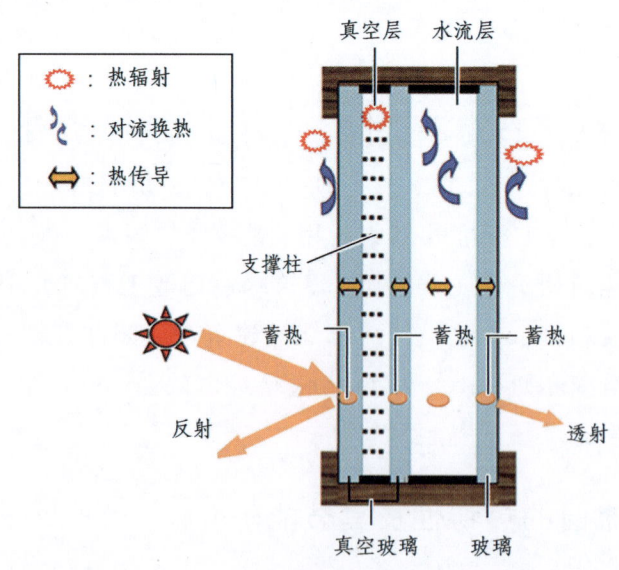

图2-10 真空水流窗的结构及工作原理

项目针对真空水流窗的热工特性和热性能开展了下述3个部分的研究：

1）真空水流窗的热工特性的计算液体动力学（CFD）优化研究

通过大量的文献阅读和资料查阅，确定真空水流窗的热工特性的影响因素并筛选确定其取值范围。基于此，设计模拟计算方案并利用CFD开展热工特性的动态模拟计算。研究流体的速度和温度分布特点及变化规律，优化结构设计参数并揭示不同运行方案下的节能特点和优势。

2）真空水流窗的节能性实验研究

项目试制了真空水流窗样品，用以开展真空水流窗的热性能实验研究。在制冷和供热工况下，分别向外腔和内腔供水并调节供水量，实现夏季的集热以及全年空调系统节能。通过和真空玻璃以及中空玻璃复合水流窗开展对比研究，基于窗体的传热特性和集热性能来研究其集热节能性和保温隔热性能。

3）真空水流窗太阳得热率的实验及数值模拟研究

采用热箱法完成了太阳得热量的实验测试，试制一套小型集热系统用于收集进入恒温测试舱的热量，并计算确定通过真空水流窗的太阳得热量，进而求解太阳得热率并研究其动态变化规律；根据窗体与室内外环境以及窗体各部分之间的传热机理建立传热关系式；基于合理的简化假设和能量守恒定理进行关系式的简化和求解，确定用于真空水流窗太阳得热率计算的耦合关联式，以指导实际应用场景下的太阳得热量预测。

3. 创新性及研究成果

1）创新性

（1）技术创新：项目首次提出了真空水流窗。换热面积扩大有助于传热效果提升，真空腔可限制向室内外的传热，强化了隔热保温效果。该设计更便于实现建筑物空调和采暖运行能耗的降低。

（2）理论创新：研究确立带真空腔的水介质多层幕墙的太阳得热率计算关联式。该关联式同样适用于以其他相似物性流体为介质的多层幕墙的太阳得热率计算。它一方面可以用于既有幕墙产品的太阳得热率计算，另一方面还可以根据建筑节能要求指导幕墙的设计和运行。

（3）内容创新：研究探讨了窗体对室内热环境和光环境的作用。此外，还着眼于窗体内集热工质的流动和温度分布特性，利用CFD动态模拟研究完成了系统的设计和运行参数优化。

2）研究成果

（1）理论方面：利用CFD开展的数值模拟研究，从微观角度揭示了水流腔中的温度和速度动态分布特性及变化规律，为水流窗的优化设计提供了理论指导和支持。此外，制备了一套热量采集装置用于太阳能得热率计算，并完成了太阳能得热率数值模拟计算的理论模型开发；基于实验测试和数值模拟研究，探究了真空水流窗的热性能和节能性。

（2）论文论著：在项目执行期间，以基金作为第一标注发表论文 8 篇，其中 SCI 论文 7 篇（6 篇已发表、1 篇已接收）、学术会议论文 1 篇，发表其他论文 2 篇，已接收中文论文 1 篇；出版学术专著 1 部；授权专利 1 项。

2.1.3 金属面真空绝热幕墙板

1. 金属面真空绝热幕墙板概况

1）技术亮点及创新性

金属面真空绝热幕墙板使用真空绝热核心材料组成超高性能复合保温隔热层，内外金属板之间设置断热桥企口型材，形成保温、装饰、结构一体化产品，标准化设计，工厂化生产，现场快捷安装，同时满足超低能耗和装配式建筑要求。

主要科技创新：

本项目充分利用真空绝热板的不燃、低导热、高保温性能，将真空绝热板作为核心的保温材料与玻璃钢企口型材、岩棉、金属饰面板复合形成新结构的金属面真空绝热幕墙板。产品厚度薄、质量轻，燃烧等级为 A 级；工厂预制生产，现场机械化安装，减少了湿作业及人工作业，提高了安装效率且产品质量更有保证，有助于建筑节能减排，实现碳达峰、碳中和目标。

2）适用范围

本产品适用于公共建筑、教育、医疗、文旅、部队营房等超低能耗建筑、高保温快装建筑，及对节能保温要求较高的工业建筑市场领域。

3）产品性能指标（表 2-1）

表 2-1 产品性能指标

项 目	性 能 要 求
单位面积质量/（kg/m²）	≤30
抗弯性能/（kN/m²）	3.5 m 跨度允许变形承载力≥1.0
抗冲击性能	≥2 级
传热系数/[W/（m²·K）]	≤0.2
计权隔声量/dB	≥35
燃烧性能	A 级

金属面真空绝热幕墙板样品和应用实景如图 2-11、图 2-12 所示。

图 2-11　金属面真空绝热幕墙板样品

图 2-12　金属面真空绝热幕墙板应用实景

目前，金属面夹芯板产品主要应用于工业建筑，主要构造为传统保温芯材（岩棉、玻璃棉、聚氨酯），两面粘贴彩涂钢板。该产品拥有良好的结构+保温+装饰一体化优点，同时质量轻、强度高，能够适应较大跨度和快速安装要求。

同时，因为传统材料自身特性约束，彩涂板耐久性和环境适应性差，传统芯材虽然有一定的保温性能，但隔热性能较差、建筑能耗高、舒适性差。如果在保温性能满足高保温或超低能耗要求时失去了超轻、超薄的优势，则难以适应民用建筑耐久要求和超低能耗要求。

以此为基础，金属面真空绝热幕墙板应运而生，其核心是利用真空绝热板取代传统装配式金属面夹芯板岩棉、聚氨酯等保温层，做到保留装配式金属面夹芯板超轻、超薄、安装便捷优势的同时使得产品满足超低能耗、A级防火的要求。

2. 实际应用效果

"中科九微半导体真空核心设备研发生产基地项目"外墙施工采用了四川零能昊科技有限公司的"金属面真空绝热幕墙板"这种新型装配式墙体板，创新了施工工艺，加快了施工进度，提高了施工效率，节约了成本，并通过了工程验收。具体经济效益对比见表2-2。

表 2-2 经济效益对比

项目名称	中科九微半导体真空核心设备研发生产基地项目	
项目概况	项目总面积：27 879 m² 金属面真空绝热幕墙板使用总量：3 400 m²	
经济效益比较		
比较	传统施工方式	金属面真空绝热幕墙板
工艺	在墙体上做外保温层，外挂铝合金单板幕墙，室内侧做装饰	采用高性能保温围护产品保温装饰一体化及装配式技术，实现产品工厂预制生产、现场机械化安装
一次投入	3 910 000 元	5 100 000 元
性能指标	传热系数约为 0.3 W/（m²·K）	平均传热系数 0.15 W/（m²·K）
施工周期	约 120 d	约 60 d
建筑能耗	29.9 万 kW·h/a	11.0 万 kW·h/a
运营成本节约	—	18.9 万元
增量成本回收期	—	约 6.5 年
建筑全寿命减少费用	—	945 万元

根据以上表格分析，通过采用金属面真空绝热幕墙板，减少了施工工期 60 d，一次投入成本增加了 85 万元，建筑运营能耗每年减少 189 000 kW·h，每年节约费用 18.9 万元，6.5 年内即可收回增量成本；在建筑全寿命周期内，总计可减少 945 万元费用；同时，建筑满足超低能耗建筑要求，每年减少碳排放达 189 t。

2.1.4 慧眼观住建

1. 研究背景

近年来，习近平总书记多次作出重要指示批示，要求提高城市科学化、精细化、智能化管理水平，加强基础设施建设和农村污水处理设施建设，采取更加有力的政策和措施，二氧化碳排放力争于 2030 年前达到峰值，努力争取在 2060 年前实现碳中和。但目前，治污企业建而不运、房地产供需不匹配、城乡发展不协同等问题较为普遍，对污水处理厂运营状态、房屋使用情况掌握不精准，缺乏城乡协同发展的量化评价指标；"碳排放大户"建筑业的碳治理、碳监测等处于早期探索阶段，服务建筑"双碳"力度仍需提升。

2021 年，国网四川电科院启动了"慧眼观住建"智慧住建监测预警平台建设课题，深入挖掘电力数据价值，利用电力数据可复用、高精度、高频度等特征，构建多种适应性监测预警模型，攻克了污水处理厂运行监测预警、住房空置监测、省级百强中心镇评价、建筑碳排放监测等一系列技术难题，完成了国内首个基于电力大数据的智慧住建预警监测平台开发与应用，打造了四川省住房城乡建设领域基于数据驱动的"监测预警—管控治理—规划决策"新模式，推动了城乡建设领域"双碳"方案的实现。其项目架构如图 2-13 所示。

第2章 科技创新

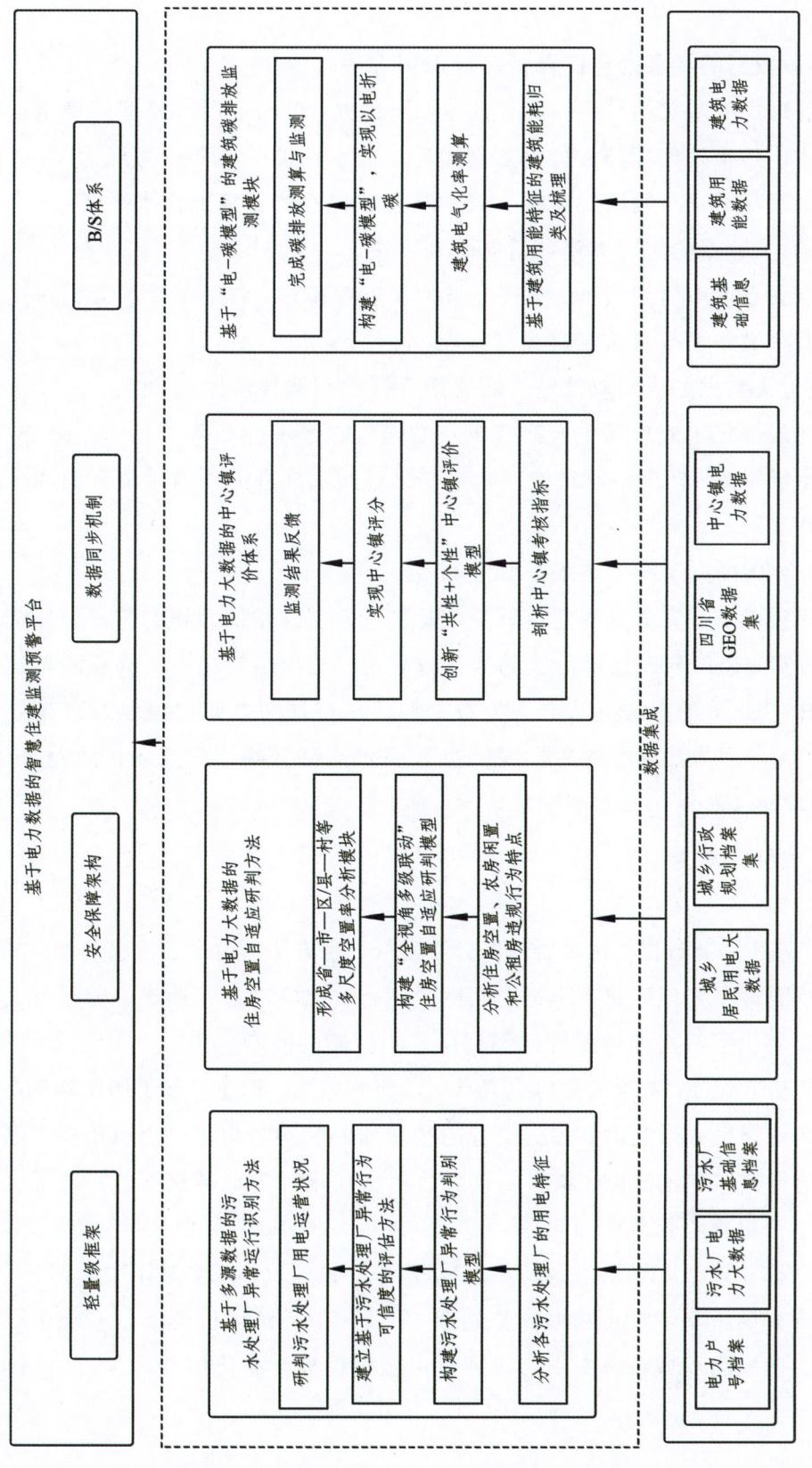

图 2-13 项目架构

2. 研究内容

1）基于多源数据的污水处理厂异常运行识别方法

融合污水处理厂的基础信息、用电信息等多源数据，提出了污水处理厂稳定运行影响因子的分析方法、污水处理厂异常行为判别模型、污水处理厂异常行为可信度评估方法，揭示污水处理厂建而不运、间歇式运行等异常状态，提升监管精细化水平。

2）基于电力大数据的住房空置自适应研判方法

构建住房空置自适应研判模型，实现全省住房空置摸排、农房闲置和公租房违规行为辅助核查，提升全域住房空置监测监控管理能力。

3）基于电力大数据的成渝双城经济圈省级百强中心镇评价体系

针对城市化发展区、农产品主产区和重点功能生态区三种类型中心镇，创新"共性+个性"中心镇评价模型，实现中心镇发展水平精准透视，推进中心镇错位发展和成渝双城经济圈产业优化布局。

4）基于"电-碳模型"的建筑碳排放监测

梳理建筑用能数据，完成全省建筑能耗数据的梳理、异常值辨识与修正、分析与测算工作；同时，为实时监测建筑运行阶段的碳排放状况，提出能够精准、快速测算建筑运行能耗碳排放（BECCE）的方法，从电力大数据和建筑特征两方面构建建筑碳排放测算指标体系，结合机器学习方法，构建"电-碳模型"，并结合建筑类型完成碳排放测算与监测。其技术路径如图 2-14 所示。

3. 创新性及研究成果

1）创新性

（1）提出了基于多源数据的污水处理厂异常运行识别方法。构建了污水处理厂异常行为判别模型，揭示了污水处理厂建而不运、间歇式运行等异常状态，形成"分级分类"在线监测预警机制，解决了污水处理厂管控不到位、不智能的问题。

（2）提出了基于电力大数据的住房空置自适应研判方法。构建了基于居民基础电量因子的挖掘方法，实现居民人口流动、住房空置的精准研判，同时构建"全视角多级联动"监测机制，实现全省住房空置摸排、农房闲置和公租房违规行为辅助核查，解决了房屋使用状态掌握不清、公租房监管粗放的问题。

（3）设计了基于电力大数据的成渝双城经济圈中心镇评价体系。基于中心镇分类培育、错位发展的原则，创新基于电力数据的"共性+个性"中心镇评价模型，实现中心镇发展水平精准透视，为成渝双城经济圈中心镇评价考核提供科学量化依据。

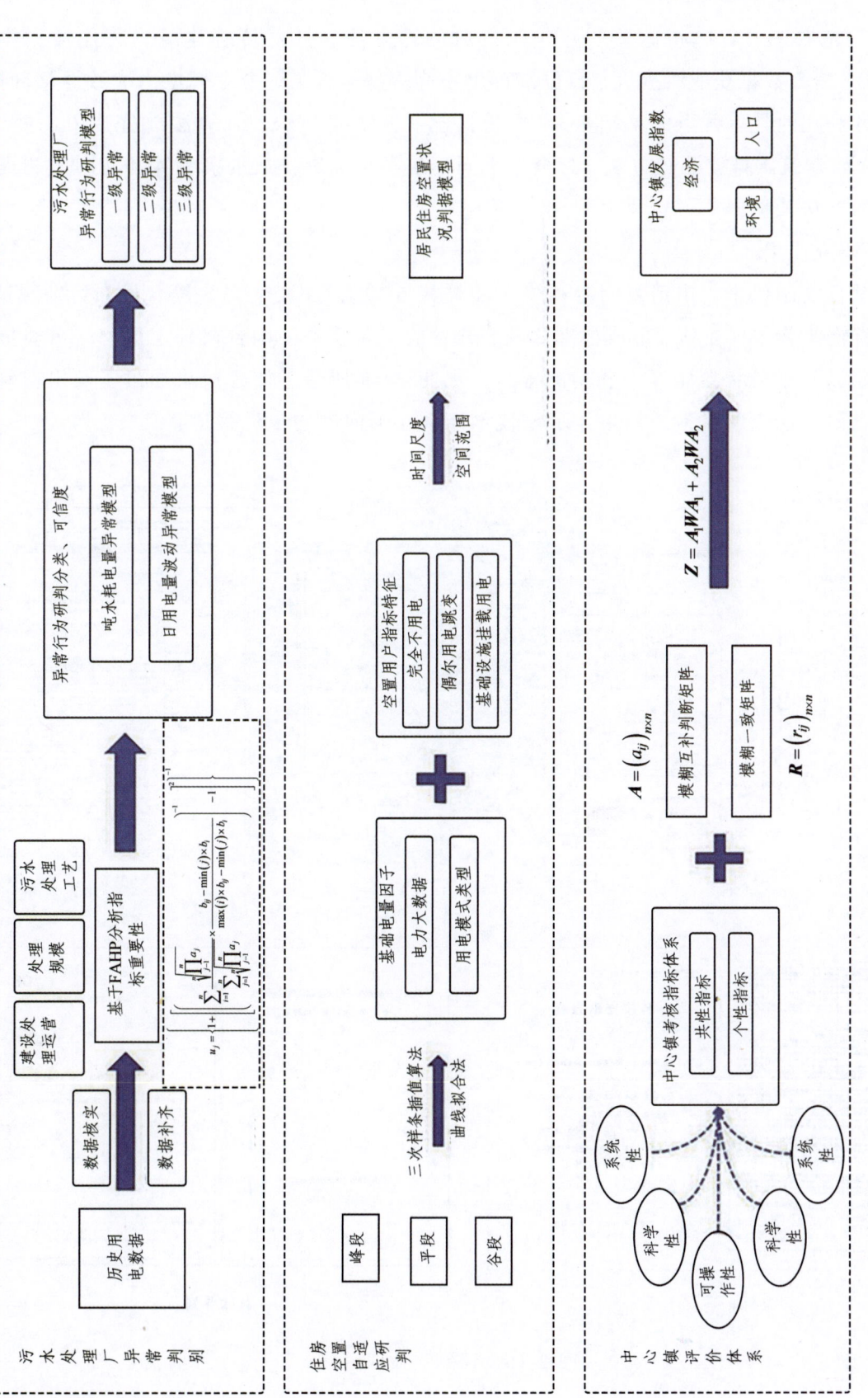

图 2-14 技术路径

（4）完成了"以电折碳"的建筑碳排放测算方法。针对传统建筑运行能耗碳排放（BECCE）测算数据获取难度大、数据准确度不高等局限，在综合考虑电力大数据精确性、易获取性和实时性等优点的基础上，结合机器学习方法（PSO-SVM算法），完成了一种"以电折碳"的建筑碳排放测算方法，为全省不同建筑类型的碳排放准确测算与实时监测提供了科学的方法依据。

2）研究成果

课题自实施以来，申请发明专利7项（授权6项），发表论文3篇，发布行业规范1项，申请软件著作权3项，形成标准2项，开发的平台获得中国合格评定国家认可委员会（CNAS）认证的软件鉴定证书和检测报告，如图2-15所示。课题成果通过了四川省科学技术信息研究所查新检索，结果显示该技术体系在国内外均未见报道。

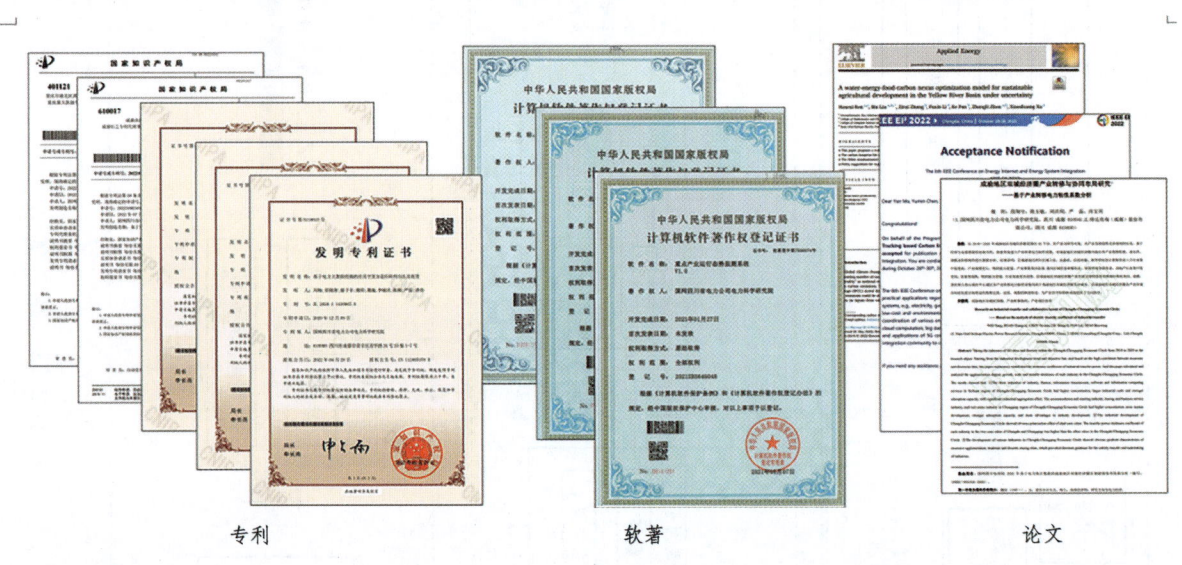

专利　　　　　　　　软著　　　　　　　　论文

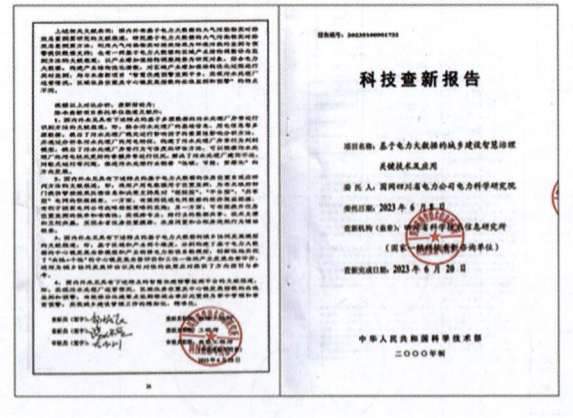 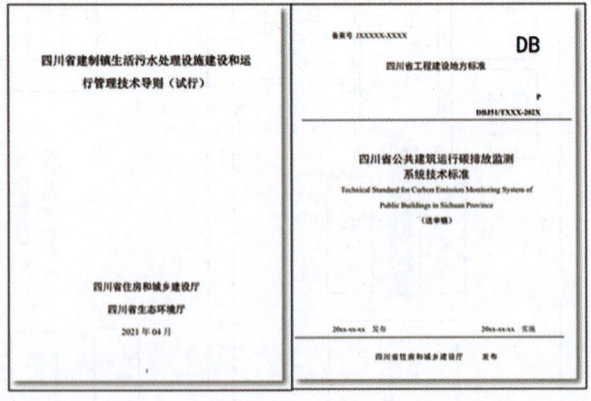

查新报告　　　　　　　　技术导则

图 2-15　课题科技成果

课题通过了一级学会四川省知识经济促进会组织的科学技术成果评价，由清华大学、电子科技大学、南开大学、四川省委党校相关领域专家组成的评审组一致认为：项目符合以习近平同志为核心的党中央关于提高城市科学化、精细化、智能化管理水平的要求，符合四川省委省政府关于全省城乡建设与管理的总体工作部署。项目成果研究了基于电力数据的智慧住建监测预警技术体系，实现了住建领域城乡治理从监测预警—管控治理—规划决策的闭环管理，开创了"电力+住建"数据创新应用的先河。总体达到国内首创、国内领先水平。

项目成果已在四川省住房和城乡建设厅、各地市住房和城乡建设局等得到应用，并将成果应用于中央环保督察，得到高度认可，如图2-16所示。2021年1月，该成果用于支撑省长检查马井镇污水处理厂专项分析重点工作。2021年4月，《四川省建制镇生活污水处理设施建设和运行管理技术导则（试行）》由四川省住房和城乡建设厅和四川省生态环境厅联合发布施行，首次将电力大数据应用写入行业管理规范。同年6月，该成果用于支撑开展重点市州"四不两直"督导检查和南充、成都高新等重点公租房空置专项核查。同时，《四川省公共建筑碳排放监测系统》标准将该成果纳入其中，为建筑碳排放监测提供数据支撑。

应用证明材料　　　　　　　　主要技术经济指标

图 2-16　课题应用成果

2.2　地方标准

2.2.1　《四川省绿色建筑工程专项验收标准》

1. 基本信息

标准名称：《四川省绿色建筑工程专项验收标准》DBJ51/T 208—2022

主编单位：四川省建筑科学研究院有限公司

参编单位：四川省建设工程消防和勘察设计技术中心、四川华西集团有限公司第十二建筑工程公司、成都市绿色建筑监督服务站、成都市天府新区质量安全监督站、四川省建筑设计研究院有限公司、成都市建筑设计研究院有限公司、西南交通大学、中建二局第三建筑工程有限公司、科顺防水科技股份有限公司、上海朗诗投资管理有限公司成都分公司

2. 编制背景及意义

近年来，我国大力推行绿色建筑的发展，绿色建筑设计评价标识项目的数量急剧攀升，但绿色建筑理念在施工及运营中的落实情况却难以把控，先进的理念及设计常由于各种原因未能完全贯彻到实际应用中。施工阶段是建筑物或构筑物全寿命周期中的关键阶段，也是资源消耗最大、对环境破坏程度最强的阶段，所以加强施工阶段的环境与资源保护是实现建筑节能减排、建筑绿色化和可持续发展的关键环节。

绿色建筑的评价分为设计阶段和运营阶段，但目前大部分绿色建筑标识项目全部为设计阶段的评价。其主要原因是绿色度较高的技术手段未落实、功能性较强的技术手段无验收要求、施工质量不到位、二次装修监管不达标等。

截至2022年，四川省城镇新建建筑中绿色建筑面积占比已达到70%，为进一步规范、指导和促进四川省绿色建筑有序发展，使绿色建筑设计标识的建筑真正落地，保证绿色建筑工程质量，展现绿色建筑在使用舒适、节约资源、保护环境等方面的大幅提升，制定相关标准规范是非常必要和迫切的。

3. 基本内容

本标准共10章和4个附录，主要技术内容包括：总则；术语；基本规定；建筑工程；结构工程；给排水工程；暖通工程；电气工程；景观工程；绿色建筑工程专项验收组织与实施。

4. 所解决的难点和主要创新点

本标准填补了我省绿色建筑工程在施工阶段的专项验收规范，有效推动了四川省绿色建筑设计标识的建筑工程落地。

（1）明确了验收阶段"按照绿色建筑要求设计并施工的民用建筑工程，应在单位工程竣工后备案前进行专项验收"。

（2）标准针对每个条文分专业明确了验收方法。

（3）首次提出绿色性能抽样检查数量。

2.2.2 《四川省民用建筑围护结构保温隔声工程应用技术标准》

1. 基本信息

标准名称：《四川省民用建筑围护结构保温隔声工程应用技术标准》DBJ51/T 211—2022

主编单位：四川省建筑科学研究院有限公司

参编单位：清华大学、四川省建筑设计研究院有限公司、成都市建设工程质量监督站、基准方中建筑设计股份有限公司、西南交通大学、四川清诺天健信息科技有限公司、四川世茂新材料有限公司、四川三元环境治理股份有限公司、重庆科文绿建新材料科技有限公司、四川赛尔科美新材料科技有限公司

2. 编制背景及意义

住房和城乡建设部、国家发展改革委员会、教育部、工业和信息化部、中国人民银行、国家机关事务管理局、银行保险监督管理委员会印发的《绿色建筑创建行动方案》（建标〔2020〕65号）重点任务中明确了"提高建筑室内空气、水质、隔声等健康性能指标，提升建筑视觉和心理舒适性"；中共四川省委、省政府出台的《四川省开展质量提升行动实施方案》（川委发〔2018〕6号）要求开展质量提升行动，提升人民质量满意度。

《四川省绿色建筑评价标准》DBJ 51/T 009自2012年发布以来，对建筑外窗楼板等构件的隔声性能也提出了越来越高的要求，同时《四川省住宅设计标准》DBJ 51/168—2021以及国家即将颁布实施的全文强制性标准《住宅项目规范》、《民用建筑隔声设计规范》GB 50118（修订）均将建筑隔声尤其是楼板的隔声提到了一个新的高度。由此可见，今后建筑围护结构同时满足保温、隔声设计标准要求是最基本的。建筑围护结构的保温隔声尤其是楼板的保温隔声已成为国家相关标准的一项强制要求。从近年实际应用情况看，由于四川省楼板保温隔声标准的缺乏，各种做法层出不穷，质量问题不断，已成为地方政府、开发商、设计单位等关注的焦点问题。

3. 基本内容

本标准共分7章和5个附录，主要技术内容包括：总则；术语；基本规定；性能指标；设计；施工；验收。

4. 所解决的难点和主要创新点

（1）明确了围护结构，包括外墙、外窗、隔墙、楼板、组合墙等的保温隔声系统的材料组成及构造、设计中的热工和隔声性能指标。

（2）明确了施工过程中注意的施工工艺和施工要点、工程验收中主控项和一般项的检查数量和检查方法以及对提高室内热环境和声环境、强化建筑健康性能的设计要求。

2.2.3 《攀西地区民用建筑节能应用技术标准》

1. 基本信息

标准名称：《攀西地区民用建筑节能应用技术标准》DBJ 51/186—2022

主编单位：四川省建筑科学研究院有限公司

参编单位：攀枝花市建筑节能和绿色建筑发展中心、四川远建建筑工程设计有限公司、西昌市建筑勘测设计院有限公司、攀枝花学院

2. 编制背景及意义

目前，我国虽然有夏热冬暖地区的建筑节能设计标准，但尚无专门针对夏热冬暖 B 区的建筑节能设计标准。基于夏热冬暖 B 区气候的独特性，有必要因地制宜，以求真务实的态度编制适宜攀西地区建筑节能的设计、施工、验收技术标准。攀西建筑节能应用技术标准的制定，一是将进一步完善四川省建筑节能体系建设，填补四川省在夏热冬暖 B 地区建筑节能尚无技术体系和标准的空白，有力地推动四川省的建筑节能工作；二是大幅降低攀西地区建筑节能措施费用并为住户节约减少能耗费用，带动攀西地区建筑节能相关产业的发展和产品研发，从而促进攀西地区建筑节能体系水平提升和经济发展，对完善、提高四川省乃至全国建筑节能技术的应用与发展具有重要意义。

3. 基本内容

本标准共 7 章和 6 个附录，主要技术内容包括：总则；术语；基本规定；建筑气候分区与热环境设计参数；建筑与建筑热工设计；太阳能建筑一体化设计；施工及验收。

4. 所解决的难点和主要创新点

针对攀西地区的气候、人文、自然资源等特点，因地制宜地提出了一套适宜于攀西地区的围护结构热工参数和具体节能措施，重点对攀枝花夏温冬暖地区提出了一套新的节能体系要求。

2.2.4 《四川省碲化镉发电玻璃建筑一体化应用技术标准》

1. 基本信息

标准名称：《四川省碲化镉发电玻璃建筑一体化应用技术标准》DBJ51/T 199—2022

编制单位：四川省建筑设计研究院有限公司、成都中建材光电材料有限公司

参编单位：中国建筑西南察设计研究院有限公司、航天建筑设计研究院有限公司、四川省建筑科学研究院有限公司、电子科技大学、成都市建设工程质量监督站、成都市建筑设计研究院、四川晶宇工程设计咨询有限公司、深圳市华创建科有限公司、中科靓建科学有限公司、青岛科瑞新型环保材料集团有限公司

2. 编制背景及意义

碲化镉发电玻璃是将接受太阳光辐照后能转换成为电能的材料碲化镉薄膜，复合在两层透明玻璃间形成的厚度为 7 mm、透明度在 20%～60%可调节的光电玻璃板。碲化镉作为一种重要的Ⅱ-Ⅵ族化合物半导体，晶体结构为闪锌矿型，具有直接跃迁型能带结构，各项表面力学参数优良，使得碲化镉发电玻璃具有良好的弱光性和低温度系数。光电转化效率在 13%以上，单板尺寸为 1.92 m²（1 200 mm×1 600 mm）的碲化镉发电玻璃的年发电量为 280 W，即在光照下每年每平方米至少可产生电能 145 W。碲化镉的碳排放量、碲化镉中的镉排放量及碲化镉重金属排放量都极少，绿色安全，对生态环境无有害影响。

碲化镉发电玻璃还具有如下优势：玻璃表面易于清洁，表面积尘可及时用水冲洗；板的周边有夹胶玻璃铝合金边框保护，不易破损，且可以直接在组件上灵活装配；能在光照差及高温环境下产生电能；组件平整度高，光泽度好，外观效果佳。为此，碲化镉发电玻璃除可以按光伏发电技术大面积应用在太阳能资源丰富地区的广阔大地上获取大量的电能外，还可作为构件形成碲化镉发电玻璃建筑一体化技术应用在量大面广的建筑围护结构及户外露天环境中的建筑小品中，充分发挥碲化镉发电玻璃在低光照条件下具有的 13%光电转化率等优势，提高建筑在使用过程中获得可再生能源自身供应电能的高质量兼具节能效率。

目前，在四川的成都和攀枝花，以及湖南株洲、河北张家口、安徽桐城等地，已有将碲化镉发电玻璃直接应用在工业及公共建筑屋面和外墙工程中的实例，也有用在车棚及围墙等建筑小品中的实例。但由于缺乏系统、完善的碲化镉发电玻璃建筑一体化应用技术标准以规范和指导碲化镉发电玻璃建筑一体化技术在建筑围护结构及建筑小品中的大面积推广应用，目前应用面还不广、应用量也不大，仅局限于个别工程。

为了充分发挥碲化镉发电玻璃在建筑光伏系统工程中的优势，规范、指导和促进碲化镉发电玻璃建筑一体化在四川地区的推广应用，保证设计和工程质量，制定本标准是非常必要和及时的。

3. 基本内容

本标准共分 9 章和 4 个附录，主要技术内容包括：总则；术语；基本规定；材料；建筑一体化设计；发电系统设计；安装及调试；工程验收；运行和维护。

4. 所解决的难点和主要创新点

本标准填补了四川省碲化镉发电玻璃在建筑光伏系统工程中应用的规范，有效推动了四川省碲化镉发电玻璃建设工程落地。

（1）提出碲化镉发电玻璃建筑一体化系统合理的性能指标。

（2）提出碲化镉发电玻璃建筑一体化技术在建筑屋面、外墙和户外建筑小品等工程中应用的创新形式及系统构造。

（3）提出碲化镉发电玻璃建筑一体化系统的施工技术。

（4）提出碲化镉发电玻璃建筑一体化系统质量验收的方法。

（5）提出碲化镉发电玻璃建筑一体化系统的运行维护。

第 3 章

应用实践

3.1 绿色低碳国际案例

3.1.1 西雅图布利特中心

1. 项目概况

布利特中心（图3-1）位于西雅图城市中心，是一座西北朝向的6层商业办公建筑。总建筑面积4 831 m²，空调面积4 658 m²。1层为混凝土结构，2层以上采用重型木结构及钢筋加固。设计使用人数为170人，实际入驻人数为125人。建造成本约合人民币1.2亿元，竣工时间为2013年4月。布利特中心为商务人士提供租赁办公环境，同时作为一座产能建筑持续运营。

图 3-1 布利特中心外观

2. 项目关键技术分析

通过践行"被动优先，主动优化，采用可再生能源"的技术理念，该建筑通过了"生存建筑挑战"零能耗建筑认证，相较于美国同类建筑节能76.4%。其技术路径如图3-2所示。

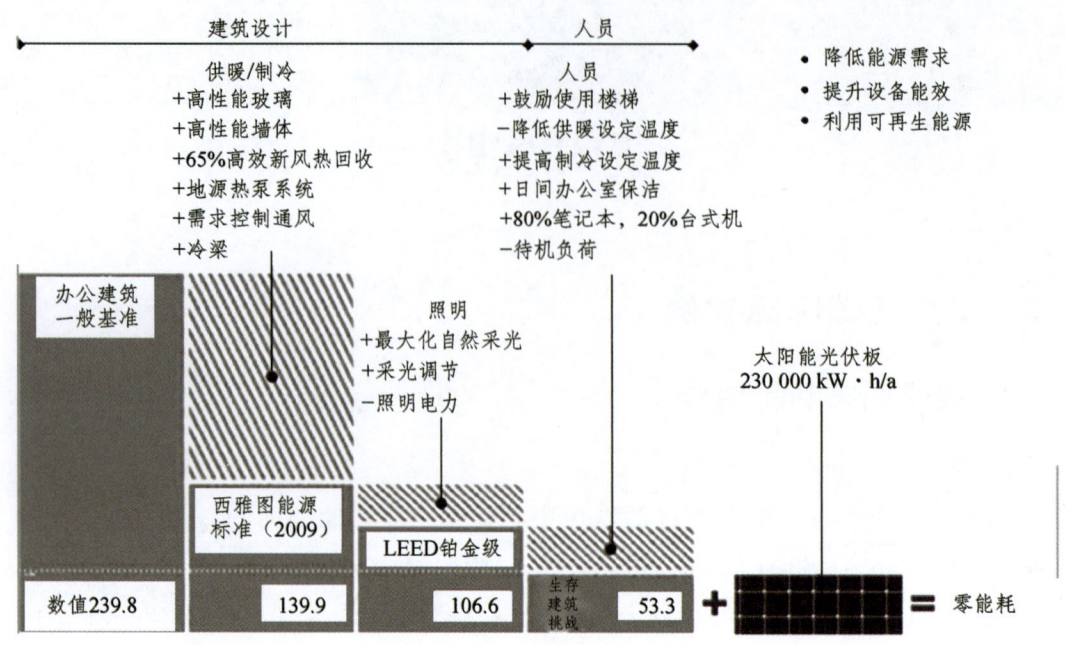

建筑能耗强度（EUI）：每平方米建筑能耗[单位：kW·h/(m²·a)]。

图 3-2　技术路径

首先，设计团队在设计之初对建筑采光、通风、光伏发电等涉及能源的相关性能进行了大量模拟，通过分析气候资源条件，严格把控建筑体形系数和围护结构热工参数，并结合通风冷却等被动式措施，最大限度地降低了建筑冷热负荷。其次，通过引入辐射空调、热泵、节能电梯、行为节能等主动式节能技术，进一步实现建筑能耗最小化；最后，通过场地内光伏板发电实现建筑年产能大于等于能耗的目标。

1）围护结构

西雅图地区为温带海洋性气候，全年温和湿润。西雅图最冷月（2月）气温在4 °C以上，最热月（8月）气温在22 °C以下，气温年较差较小。其主要空调能耗为冬季热负荷，因此降低建筑热负荷是实现零能耗建筑的首要任务。该项目对外围护结构作了良好的保温处理，最大限度地避免了热桥。建筑墙体最外层是由金属板、空气夹层和10 cm厚矿物棉构成的雨屏系统，内侧为1.6 cm厚的玻璃纤维石膏板。

2）自然采光与自然通风

建筑设计团队通过开展基于性能的设计流程，对建筑周围环境进行了模拟分析，包括采用Ecotect、Radiance等软件对建筑各方向太阳辐射和风频、风向进行了模拟，探讨了固定窗墙面积比下不同体形系数对建筑热负荷的影响（西雅图同体量办公建筑热负荷约占1/3），对比了不同建筑外形方案下室内通风采光的效果，并最终确定T型设计（外形朝向）可以获得最佳通风采光条件，相对标准建筑可减少67%的照明用电。

建筑的窗户和遮阳系统承担了建筑大部分的采光和通风任务，并辅助维持室内热舒适环境。通过将自动百叶窗与可手动操作的窗口相结合，实现最大限度的采光，获得均匀的光线，避免室内眩光。围护结构最外层的不锈钢百叶距离窗户约 0.3 m，方便通风时窗户直线推开不受阻挡。在夏季，百叶使日光在抵达玻璃前被拦截并散射开，降低了太阳辐射带来的冷负荷。在冬季，通过调节百叶使室内空间最大限度地接收日光，同时防止工作区眩光。整个窗体质量为 240 kg，并为消除内外热桥作了特殊设计。

自然通风系统主要为辅助建筑夜间自然冷却，在夏季夜间，电动机驱动开窗，通过引入夜间凉爽的空气为室内预冷，避免第 2 天午后室内过热。夜间空气带来的冷却效果将使梁的温度降低 3~5 °C，使其能在夏季午后吸收多余的热量。当建筑中有人员活动时，若室外温度高于 23 °C 或室内温度高于 26 °C，窗户将自动开启。人员也可按需自行开关窗户。

3）空调系统与数字监控系统

暖通系统主要包括地源热泵空调系统、新风热回收系统和生活热水系统等，辅助设备包括吊扇等。地源热泵空调系统由 26 个深 122 m、直径为 13 cm 的地热井和配套机组构成，冬季作为辐射地板供暖末端和热水系统热源。由于围护结构良好的保温性能和室内人员、照明设备等散热，当室外低于 7.8 °C 时才启用辐射地板供暖末端。

新风供给根据室内 CO_2 浓度调节，当室内 CO_2 传感器检测到需要引入新鲜空气时，窗户自动开启。当室外温度极高或极低时，窗户将关闭，新风系统开启。冬季时，开启新风热回收系统。新风热回收系统可以回收室内空气余热约 65% 的热量，同时保证室内 CO_2 体积分数维持在 500×10^{-6} 以下。

上述所有设备（包括供暖空调系统、通风系统及供回水系统等其他建筑功能系统）由布利特中心搭建的数字监控系统集中监控，形成了集成管理体系，以便后期运维管理。

4）光伏系统

为满足建筑用能需求，在设计中尽可能大面积地布设了光伏板。最终该建筑共计使用了 575 块光伏板，在建筑屋面铺满的情况下向外延伸了 3 m 的范围，光伏发电总面积约 1 328.8 m²，如图 3-3 所示。

图 3-3　布利特中心光伏屋顶

3. 运行效果

大楼安装的光伏系统于 2013 年 2 月正式投入运行。租户于 3 月中旬搬入，4 月正式运营。图 3-4 显示了 2013 年 5 月至 2015 年 8 月时间段内建筑的能源消耗与生产状况。在第 1 年（2013 年 5 月至 2014 年 5 月）运营中，建筑产电盈余 11.4 万 kW·h/a。建筑实际能耗强度为 31.3 kW·h/(m^2·a)，相较于设计预计值 53.6 kW·h/(m^2·a) 低 41.7%，相较于西雅图能源法令 2009 年建筑能耗要求 139.8 kW·h/(m^2·a) 低 79%。

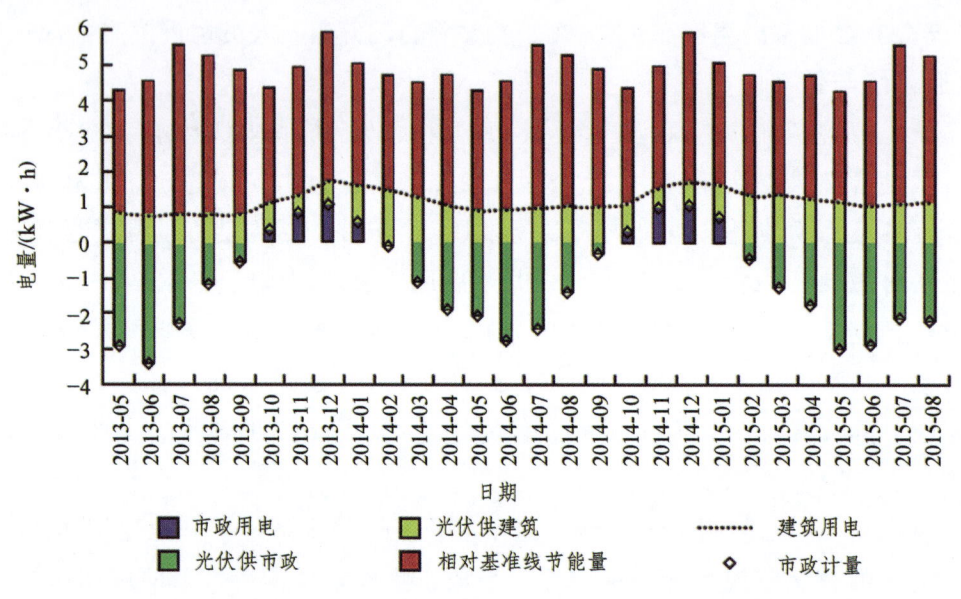

图 3-4 2013—2015 年建筑能源消耗与生产

由图 3-4 可见，建筑年均实际用电量在 1 万 kW·h 左右。在冬季（12 月），由于供热需求导致耗电量上升，接近 2 万 kW·h。此外，由市政计量可见，冬季（10 月至次年 1 月），由于光伏向建筑供电小于建筑用电，市政将向建筑供电；夏季（5 月至 6 月），建筑光伏供电远大于建筑用电，市政将接收建筑产生的多余电量。总体而言，建筑实际用电量远低于对比建筑，若以年为单位，市政接收到的光伏电总量将大于向建筑供给的总电量，可见布利特中心不仅达到了零能耗的水平，还实现了产能。

布利特中心单位面积造价约人民币 2.4 万元，造价高昂，进一步降低建设成本仍十分必要。从实际运营情况分析，夏季建筑光伏产能较多，冬季相对较少，除天气因素外，还由于其在设计时考虑了不同季节电价的影响。由于西雅图地区夏季电价较高，所以设计团队在对光伏设计安装时考虑的是夏季所能接收到的最大太阳光倾角，使建筑在夏季对外输出电能时获得更高的电力收入，实现经济效益最大化。有一点值得关注的是，光伏板在建筑屋面铺满的情况下向外延伸了 3 m 的范围，实际上超出了建筑红线，该项目得到了西雅图市政府的特许，如果光伏发电技术在发电效率没有大幅提高的前提下，实现建筑能源自给自足还是有一定困难的。

此外，管理时根据建筑的产能对建筑内租户进行能源分配，当租户超出分配的用能额度时，租户将承担超出部分电量的费用，以此倡导行为节能，引导实际用能贴近设计场景。

3.1.2 西班牙 LOOM Ferreteria 办公楼

1. 项目概况

LOOM Ferreteria 办公楼是由一家西班牙的房地产开发商 Inèdit Barcelona 发起的项目，于 2017 年年底竣工并投入使用，位于巴塞罗那市中心的 El Poble-sec 区，地址是 Carrer de Zamora 45 号。

该建筑最初是一个建于 20 世纪初期的纺织工厂，因工业革命纺织行业的繁荣而修建，成为当地历史文化的一部分。后来随着市中心的工业逐步消亡，这个工厂也停止生产并闲置多年，直到 Inèdit Barcelona 的创始人决定将其改造成一个开放性、具有创新精神的办公楼。

为了实现这个目标，他们请来了一些颇具建筑设计专业经验和创新思维的建筑师，包括了 Ferran Collado 和 Marina Otero Verzier 两位领衔设计人员。他们决定保留建筑原有的工业风格，同时采用了现代化材料、绿色环保理念等一系列设计和建造手段，将这个老工厂变成了一个充满活力、开放性、高效率的共享办公空间。

整个项目的建设过程历时两年，其间遇到了不少设计和施工方面的难题和挑战，但最终建筑师们和工程师们幸运地将其完美落成。现在的 LOOM Ferreteria 是一个 5 层楼的现代化办公楼，拥有一个内部庭院、大量的会议室、开放式工位和社交空间，是一个富有创新精神的西班牙创业及科技公司的办公空间，如图 3-5 所示。

图 3-5 LOOM Ferreteria 办公楼外观

2. 项目关键技术分析

1) 结构设计

LOOM Ferreteria 是对旧工业建筑的适应性再利用，该建筑曾被历史悠久的 Balius 五金店所使用。该店是本地区的商业地标之一，成立于 1914 年。这栋 5 层建筑建于 20 世纪 70 年代，金属结构和加泰罗尼亚拱顶（图 3-6）赋予其独特的个性，因此这两个元素都被保留了下来。此外的设计干预旨在使建筑趋向居住环境的体量和材质氛围，为此使用了陶瓷、铁和木材等传统材料。

图 3-6　加泰罗尼亚拱顶

2）立面设计

沿街主立面被移除，现存的结构被强化，并使其从室外可见。这带来一个独特的结果，因为在巴塞罗那，出于隔热的原因结构往往是被隐藏起来的。室内的立面由天然木材和玻璃制品构成，让人联想起巴塞罗那建筑的传统室内画廊。建筑立面外还覆盖着一个绿化立面，绿植花盆由工业金属打造，为建筑的构成赋予活力，并带来几乎居家一般的特质，如图 3-7～图 3-9 所示。实际上，这是一个可操作的立面，在每一层使用者均可以打开，这使该建筑区别于巴塞罗那的其他办公大楼，那些办公大楼更加同质，并与室外隔绝。

图 3-7　LOOM Ferreteria 办公楼内部立面

图 3-8　LOOM Ferreteria 办公楼屋顶

图 3-9　LOOM Ferreteria 办公楼室外空间

3. 运营效果

这个全新共享办公空间以可持续为标准设计，以节能和用户舒适为核心，这为它赢得了 LEED 金牌认证。该建筑重新利用了 62% 的原有建筑，节约了 48% 的水和几乎 10% 的能源，这些能源来自内部安装的光伏板。此外，它还连接到区域供热和供冷（DHC）网络以及气动废物收集网络。

3.1.3　澳大利亚像素大厦

1. 项目概况

像素大厦（图 3-10）位于澳大利亚墨尔本中央商务区，由 Studio505 事务所设计，建成于 2010 年 7 月。像素大厦是澳大利亚第一个达到碳中和的建筑。以 1 年的数据来看，它将不产生任何碳排放。在 50 年的寿命周期内，通过其产生并输入电网的可再生能源，建筑将补偿其建造所产生的全部碳排放。

图 3-10　像素大厦

建筑场地位于墨尔本昆士博威街和布弗利街的交叉口，原有建筑为酿酒厂旧址，场地东侧为废弃场地，西北侧为该区的教堂，西侧和北侧各有商业建筑。建筑师对酿酒厂旧址进行了改造，但建筑东侧与其相接的单层建筑因产权问题仍保留下来。于是建筑在北、南、西三个立面较为开敞方向采用双层表皮立面，兼顾了景观朝向，在东侧则放置服务核心，立面处理也仅为实墙，以便日后加建。建筑主入口设置在相对较安静的昆士博威街一侧，首层除设置接待处、办公以及垂直交通和卫生间以外，还设置了自行车存放空间，以倡导员工绿色的生活方式。建筑 2、3、4 层主要为开放式办公空间，屋顶设置了屋顶绿化和观景平台以及设备间。建筑共 4 层，每层建筑面积约为 1 136 m^2。

2. 项目关键技术分析

建筑的北、西、南立面采用了一套先进的遮阳百叶系统，立面最内层为双层 Low-E 玻璃，最外层为可循环利用的彩色遮阳板，同时两层之间的中间层则设置了绿化挑台。绿化不仅有助遮阳，加强对建筑处理水的利用，更为办公建筑环境提供了绿色，有利于工作人员的心理健康。这个立面系统综合处理了采光、景观朝向、遮阳和眩光控制的矛盾，并依靠立面彩色的造型达到了独特的视觉效果。东立面由于场地东侧为未开发的废弃场地，同时，建筑东侧现有未改造旧建筑相接，考虑到日后改造的需求，建筑东立面为混凝土实墙，将建筑的服务核心设置在东侧。建筑屋顶采用了拓展型屋顶绿化，种植了当地原生植被，增强了屋顶的保温隔热性能。同时，在屋顶平台设置了固定的和自动追踪太阳轨迹的光伏电池板、风力涡轮机，并将其连接在当地电网上，在产生过量可再生能源时将其储存在电网内，在用电量达到高峰时再使用。

建筑在通风上仅依靠两个风扇达到其通风效果，并且采用了冷却水循环的楼板，楼板不仅预先制冷和加热进入建筑的空气，也在每一层向下辐射冷量制冷。这一套系统不仅可用作夏季制冷也可在冬季采暖。

室内环境质量方面，建筑采用个体用户可控的地板送风系统，100%室外新鲜空气流通，通风率为规范要求的 250%，同时采用了楼板辐射制冷；交通方面，设置了自行车停车区域，淋浴和更衣设施，建筑邻近公共交通设施，没有为私家车提供停车位；水资源方面，采用中水利用和雨水回收，同时达到 100%水资源自我充足；排放方面，采用了零 GWP 和 ODP 的制冷剂；材料方面，建筑立面可循环再利用，可拆卸；能源方面，使用天然气氨吸收制冷采暖，采用高能效的照明灯。

1）立面部分节能技术分析

像素大厦在其北、东、南三个立面采用了双层表皮系统，整个表皮系统由三个部分组成。最外层表皮为一个固定的遮阳百叶系统，为建筑提供遮阳和防止眩光，内层则为具有高热阻值的 Low-E 双层玻璃，两层表皮中间的平台则采用立面绿化的方式，有帮助遮阳、提供外部通道、污水处理的作用，并为办公环境提供了绿色视野。建筑立面最外层由零污染回收的彩色遮阳板构成，遮阳板由一整个回收来的铝板切割而来，由镀锌钢框架支撑，使用拓展的先进的三维电脑辅助设计技术来分析确定彩色遮阳板的构成方式，模拟了不同季节不同时段的日照特征，使遮阳系统的效率达到最大化。利用造型各异的遮阳板过滤掉多余的太阳辐射，完全通过自然光线达到办公空间的采光需求，且光线柔和无眩光。遮阳板在建筑北立面统一向东方向倾斜，使建筑可以接收到早晨温暖的阳光，同时过滤掉下午3点炎热的阳光，北立面的挑出部分也作为水平遮阳设施阻挡了正午猛烈的阳光。建筑西立面的遮阳板方向则朝向西南方，使下午炎热的西晒不能进入室内，同时自然光线可以没有障碍地进入室内。这些固定在建筑表皮上的彩色遮阳板的运用，使建筑立面最大限度地控制了采光、遮阳、视线和眩光。围绕在建筑外立面的彩色面板不断地创造出新意及独一无二的效果，让整个建筑充满活力，如图 3-11 所示。

图 3-11　像素大厦双层表皮外观及系统组成

2）屋顶节能技术分析

像素大厦采用了拓展型屋顶绿化方式。拓展型屋顶绿化指绿化屋顶密度在 70～200 kg/m² 范围内，绿化土壤等基层比较浅的屋顶绿化方式，常被设计在需要提高建筑能效的建筑上。拓展型绿化屋顶不适于种植大型植被且屋顶一般不可上人。一般来说，拓展型屋顶应满足以下功能：排水、为植物提供养分和支撑、防水系统的保护、防水、隔热。一个完整的拓展型绿化屋顶应由拓展型植物、生长介质、过滤织物、排水板、隔热、根障、保护层和防水槽、防水材料、基层构成。

墨尔本像素大厦种植屋面的设计除了考虑到隔热保温和收集雨水的作用外，还能起到保护墨尔本地区生态多样性的突出作用。该建筑超过 75% 的屋面覆盖着维多利亚原生植被，可以吸引当地盛极一时的野生物种（尤其是昆虫、鸟类和蝴蝶）在这里生息繁衍，延续了该地区的生态优势，如图 3-12 所示。

图 3-12　像素大厦屋顶外观及屋顶平面绿化图

3）通风分析

像素大厦由于是建筑改造项目，建筑东立面考虑到日后相邻建筑加建需要，无法做成与其他三个立面相同的双层表皮立面，而采用了实墙的形式，为其自然通风组织带来了一定限制，建筑采用机械辅助通风。夏季，100%新鲜空气（无空气再循环）通过地板间层空间循环并由每个工作站的通风口控制进入室内，如图 3-13 所示。建筑的进风由顶层的热交换器和冷却顶板预先制冷再分散到工作空间。同时，建筑采用了冷却水循环的冷却顶板向室内辐射"冷量"。冬季，建筑进风通过热交换器和天然气氨吸收热泵预先加热并输送到每层楼板间层，再由每个工作站的通风口控制流进室内，如图 3-14 所示。流出建筑的热空气在热交换器处将其热量回收用于预先制冷和制热。

3. 运营效果

像素大厦获得了澳大利亚绿星评价系统中办公建筑评价的满分 100 分。其中，75 分是达到 6 星级的标准，而像素大厦还在创新方面得到了 5 分的附加分，这 5 分创新得分包括碳平衡、真空卫生间系统、厌氧消化系统和减少停车位。根据美国 LEED 评级系统，像素大厦达到了前所未有的 105 分，这是世界范围内至今为止所有已建成并取得 LEED 认证的最高分。该项目的目标是超过英国 BREEAM 评级系统目前已评定项目的最高分。澳大利亚建筑公司罗洛 Grocon 的首席执行官丹尼尔·罗洛（Daniel Grollo）表示，此项目最重要的特征是大厦将达到碳平衡，以进一步达到零碳排放。像素大厦中，任何不间断进行的二氧化碳排放都将会被屋顶上的光电板（PV panels）和风力涡轮机产生的可再生能源所补偿。除此之外，随着时间推移，将抵消所有碳的生产和施工安装所产生的废料。

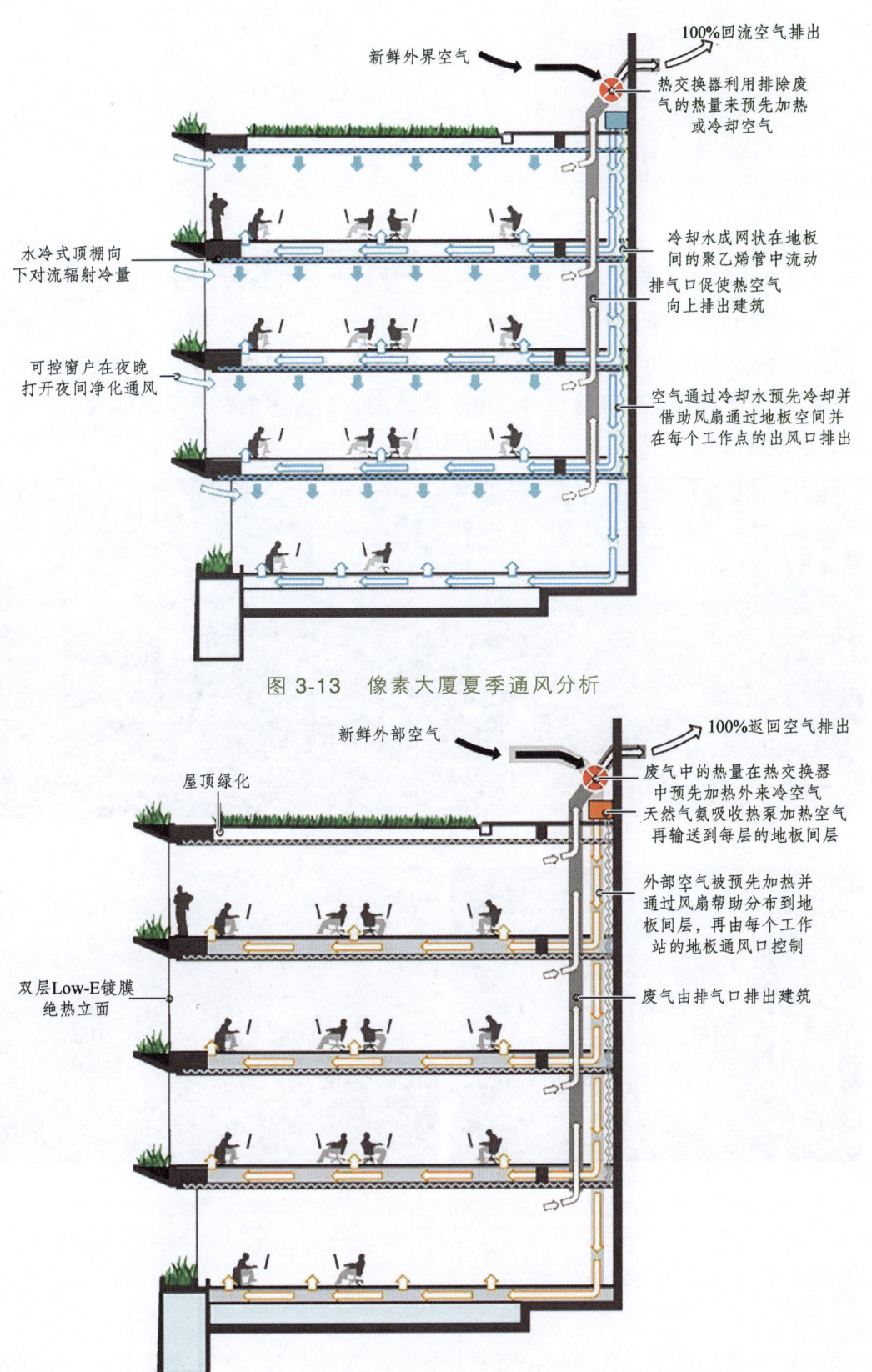

图 3-13 像素大厦夏季通风分析

图 3-14 像素大厦冬季通风分析

3.2 绿色低碳国内案例

3.2.1 近零能耗、超低能耗、零碳建筑

3.2.1.1 攀枝花零碳建筑

1. 项目概况

"攀枝花市东区望江片区城市更新——既有建筑节能升级改造近零能耗建筑及太阳能光伏发电示范项目"位于攀枝花市东区人民街78号，北临金沙江。项目总建筑面积约6 423 m²，全部为地上建筑面积，使用功能为办公建筑。本项目通过对既有建筑的改造，充分利用可再生能源和反射隔热涂料，使老建筑能达到近零能耗、零碳的效果。项目改造前实景如图3-15所示，其改造效果如图3-16所示。

图 3-15 项目改造前实景

图 3-16 项目改造效果

2. 项目关键技术分析

1）围护结构高效保温隔热技术

（1）屋面。

本项目将原文广旅局混凝土架子空隔热板屋面（不上人）改造为挤塑聚苯板保温材料隔热屋面，同时对现状屋面漏水情况重新做防水层；文广旅局办公楼屋面，利用屋顶太阳

能光伏发电玻璃采光顶进行遮阳挡雨。

（2）外墙。

文广旅局办公楼南侧外墙墙面采用米白色制冷涂料，东侧、北侧外墙墙面采用米白色高反射隔热涂料；卫健委办公楼西侧、东侧、南侧外墙墙面改为米白色真石漆墙面，北侧外墙墙面改为米白色高反射隔热涂料墙面。

本项目外墙面采用的制冷涂料及高阻热保温涂料，具有优良的反射隔热效果。

制冷涂料技术：当表面以红外辐射形式散发出去的热量大于所有吸收的热量时，就会出现阳光直射下表面温度低于环境气温的被动辐射制冷现象。有效的辐射制冷要求太阳反射率不低于94%的临界阈值，并且红外辐射率越高越好。

高阻热保温涂料技术：该涂料能对400～2 500 nm范围的太阳红外线和紫外线进行高反射，不让太阳的热量在物体表面进行累计升温，又能自动进行热量辐射散热降温，把物体表面的热量辐射到太空中去，降低物体温度，即使在阴天和夜晚，涂料也能辐射热量降低温度。

围护结构保温隔热技术改造如图3-17所示。

图3-17 围护结构保温隔热技术改造

2）可再生能源利用技术

本项目结合现场情况，在卫健委办公楼屋面和墙面布设建筑光伏一体化设计示范——碲化镉太阳能发电玻璃。其中墙面布设钢构架支撑碲化镉发电玻璃，采用80块尺寸为1 600 mm×1 200 mm×（3.2+3.2）mm、208 W/块的碲化镉（黑色除膜20%）发电玻璃组件，装机容量共16.64kW$_p$。屋面钢构架采光顶上布装碲化镉发电玻璃，采用60块尺寸为

1 600 mm×1 200 mm×（3.2+3.2）mm、260 W/块的碲化镉（黑色）发电玻璃组件，装机容量共 15.6 kW。在文广旅局办公楼上布设单晶硅太阳能光伏板。采取架空（1.2～1.8 m、便于安装和维修、同时增加屋面通风隔热效果）小倾斜（向南、5%～10%的坡度）水平铺设，布装单晶硅光伏发电组件：布装 173 块 550 W/块（2 278 mm×1 134 mm×35 mm）的单面高效晶硅光伏板，装机容量共 95.15 kW；在下部承重墙对应位置设置带状混凝土立柱支墩，上做型钢立柱和光伏板支架。太阳能光伏设计情况详见表 3-1 和图 3-18、图 3-19。

根据业主提供的本项目历史用能信息，本项目部分光伏组件采用"自发自用，余电储能，余电上网"的模式。储能配置 50 kW·h 磷酸铁铝电池储能设备，当白天发电量大于自用和储能时，进行余电上网，当光伏发电量小于用电量时，优先采用储能设备供电。

表 3-1　太阳能光伏安装容量

位置	安装位置	光伏类型	单片尺寸/（mm×mm）	数量/片	光伏板面积/m²	装机容量/kWp
卫健委（高楼）	屋面采光顶（型钢构架）布装	黑色双夹胶（3.2+3.2）mm 厚碲化镉发电玻璃（260 W/块）	1 200×1 600	60	115.20	15.60
	墙面（型钢构架）布装	黑色 20%除膜双夹胶（3.2+3.2）mm 厚碲化镉发电玻璃（208 W/块）	1 200×1 600	80	153.60	16.64
文广旅（低楼）	屋面（防水支架架高）布装	单向单晶硅光伏发电板（550 W/块）	2 278×1 134	173	446.90	95.15

图 3-18　太阳能光伏安装效果

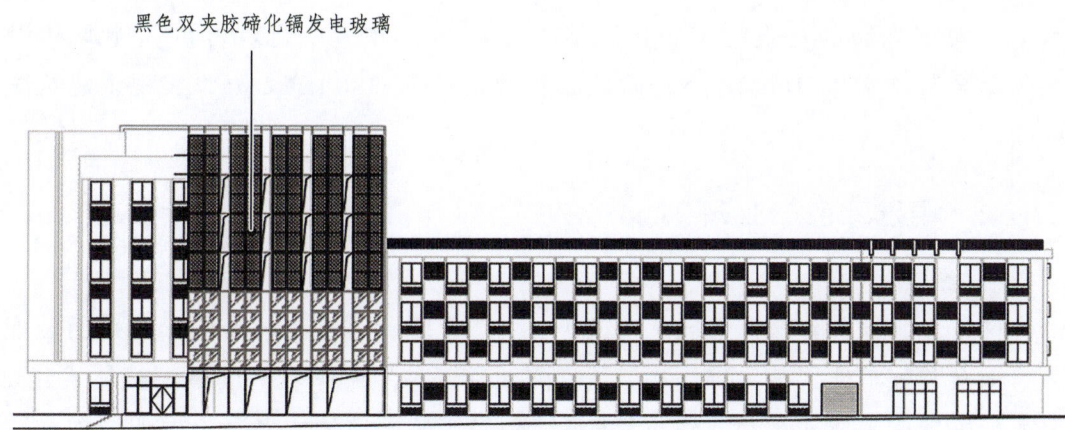

图 3-19　太阳能光伏安装立面方案设计

3）碳汇技术——垂直绿化

本项目卫健委办公楼上人屋面保留原有屋面空间，文广旅南立面采用种植花池的措施打造垂直绿化，在调节建筑微气候环境的同时营造良好的景观视觉效果，如图 3-20 所示。通过垂直绿化提高建筑绿化覆盖，创造空中景观；吸附尘埃减少噪声，改善环境质量；减小城市热岛效应，发挥生态功效；保持建筑冬暖夏凉，节约能源消耗。

图 3-20　建筑立面花池设计效果

3. 实施情况

根据前述技术分析，本项目采用高效保温隔热技术，屋面增加挤塑聚苯板保温材料，墙面增加制冷涂料、反射隔热涂料等对围护结构进行节能改造。为了实现零碳建筑改造目标，项目充分利用可再生能源太阳能光伏技术，建筑一部分屋面和墙面布装碲化镉发电玻璃，一部分屋面布装晶硅系列光伏板，实施建筑风貌改造和"建筑+光伏"一体化应用（BIPV）整体化打造，同时应用储能设施构建区域绿色微电网。此外，项目还结合建筑风貌增加碳汇技术，南立面采用种植花池的措施打造垂直绿化，在调节建筑微气候环境的同时营造良好的景观视觉效果。

本项目实现老城区建筑的零碳化改造示范项目，改造后建筑可再生能源利用率为 93.65%，综合节能率达 100%，运行阶段碳排放量约为 -380 $kgCO_2/a$，实现了建筑净零碳排放目标。

3.2.1.2 中建绿色产业园

1. 基本信息

中建科技成都绿色建筑产业园（一期）——产业研发中心工程结构形式采用装配整体式框架结构及装配整体式剪力墙结构，是目前西南区域装配率较高的装配整体式建筑，也是国内第一栋装配整体式被动式建筑。建筑结构采用装配整体式混凝土框架结构和装配整体式混凝土剪力墙结构两种形式，其中柱构件采用预制柱的形式；外墙采用 PC 墙板预制构件；梁柱采用叠合梁、叠合柱；其余连接部位为现浇。项目引入大量被动式建筑技术、节能保温技术、地道风技术、地源热泵技术、光导管技术等领域前沿的新技术。工程建筑面积为 4 409.69 m^2，建筑层数为 4 层，建筑高度为 16.45 m，层高 3.9 ~ 4.5 m。结构形式上，采用装配整体式混凝土框架结构和装配整体式混凝土剪力墙结构两种形式，其中：柱构件采用预制柱的形式，最大尺寸为 700 mm × 700 mm × 3 900 mm，质量为 4.97 t；外墙采用 PC 墙板预制构件，最大截面尺寸为 3 880 mm × 3 570 mm，质量为 6.63 t；梁柱采用叠合梁、叠合柱，预制梁最大尺寸为 7 300 mm × 400 mm，质量为 3.95 t，最大叠合板尺寸为 6 830 mm × 2 290 mm，质量为 3.64 t；其余连接部位为现浇，整体装配率达 67.85%。

本项目的五方责任主体见表 3-2。

表 3-2　五方责任主体

序号	责任主体	单位名称
1	建设单位	中建科技成都有限公司
2	勘察单位	中国建筑西南勘察设计研究院有限公司
3	设计单位	中国建筑西南设计研究院有限公司
4	监理单位	四川精正建设管理咨询有限公司
5	施工单位	中国建筑第八工程局有限公司

本项目开工时间为 2015 年 10 月 12 日，竣工时间为 2019 年 12 月 23 日。

本项目作为住房和城乡建设部"近零能耗建筑关键技术研究与示范"（项目编号：2016YFE0102300）子课题"近零能耗建筑关键设计、施工技术研究与工程示范"（课题编号：2016YFE0102300-02）的载体项目，于 2019 年 11 月 28 日通过课题组验收，并获得德国能源署和中国住房和城乡建设部科技与产业化发展中心联合认证证书，成果获得

2021年度华夏建设科学技术奖三等奖。

2. 项目关键技术分析

1）混凝土结构近零能耗建筑装配式关键技术

项目外墙采用PC墙板预制构件形式，针对混凝土结构近零能耗装配式施工具有以下技术难点：

（1）载体工程PC外墙板构件最重构件质量达7t，长度达7m，此类构件的运输及安装均存在较大的质量、安全隐患。若采用常规的汽车运输、塔吊吊装的安装方法，容易造成构件局部破坏、折断、污染等质量隐患，以及构件脱落的安全隐患。

（2）工程外框结构构件形式多变、节点连接复杂、预制外挂板精准定位、节点连接牢固是主要施工难点。

（3）目前国内被动式建筑处于起步阶段，现浇节点施工是施工中的主要重难点之一，预制墙板与结构之间存在诸多接缝，若接缝部位处理不到位，可能出现漏水、渗水等隐患，并影响被动式建筑的气密性。

2）超长超重PC墙板构件安装施工技术

自主研发了墙板构件翻转机构及其翻转方法，翻转机构主要由基座、翻转平台、临时支撑三部分组成。

基座（图3-21）采用目字形型钢框架，通过地面预埋螺栓固定在平整地面上，框架上焊接一个铰支座和一个固定坡支座作为连接后续翻转平台的节点，转动支点、固定翻转平台下连临时支杆。

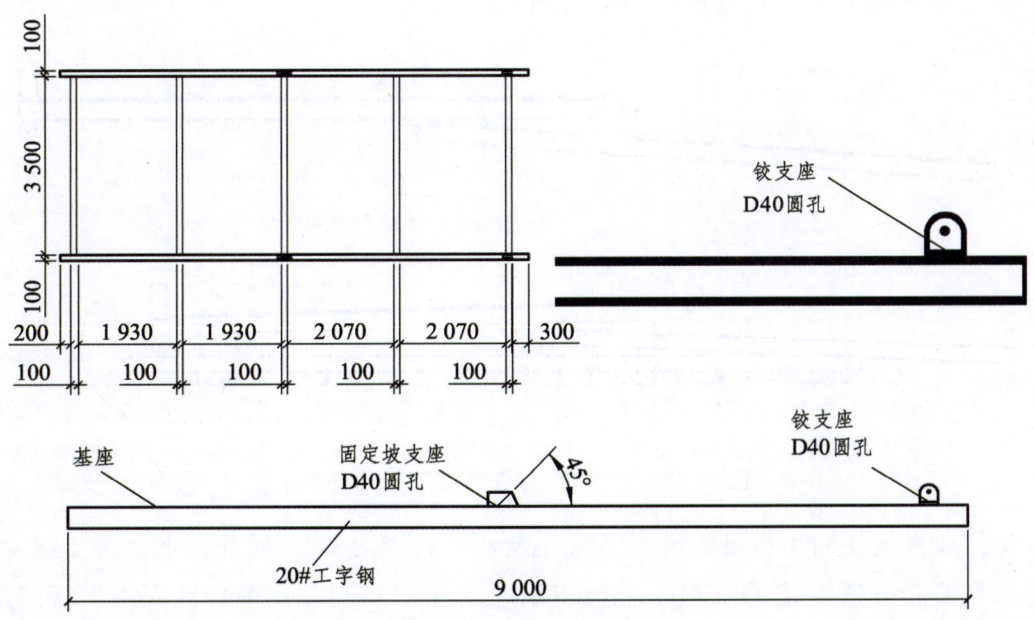

图3-21 翻转机构基座示意图（单位：mm）

翻转平台（图3-22）主体为型钢框架，在端部和中部焊接两个铰支座，用于连接基座和临时支撑杆。面层固定 3 条 40 mm×90 mm 通长木方用于隔离 PC 构件混凝土表面与平台型钢面的直接硬接触，防止破损，一端垂直向上焊接一段 20#工字钢，另一端焊接两个钢吊耳。背面用 D18 螺纹钢焊接两道通长钢梯。

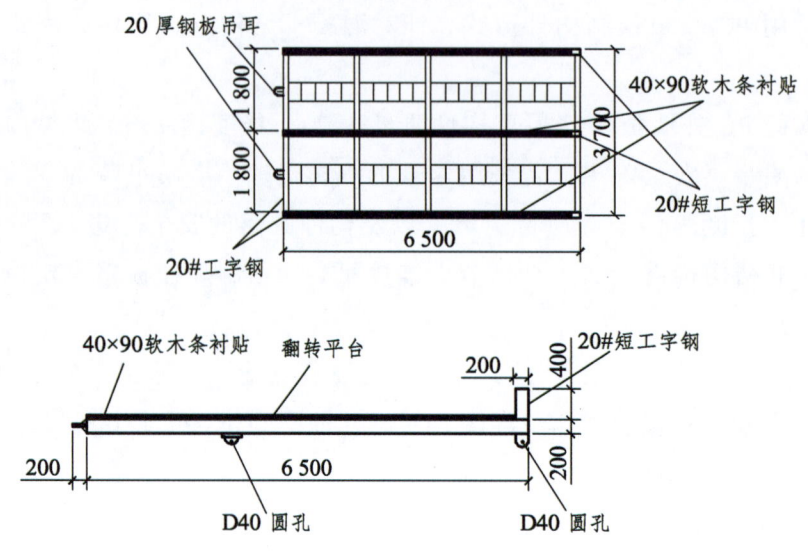

图 3-22　翻转机构翻转平台示意图（单位：mm）

临时支撑杆（图 3-23）主体采用 20#工字钢，在两端设计位置开两个 D40 圆孔，用于连接翻转平台中央铰支座与基座坡支座。一端按 45°方向切割翼板，另一端按半圆切割翼板。一端上部焊接 D20 圆钢把手。临时支撑与翻转平台间通过 D40 销轴半永久固定，随后翻转平台与基座间通过 D40 销轴半永久固定。

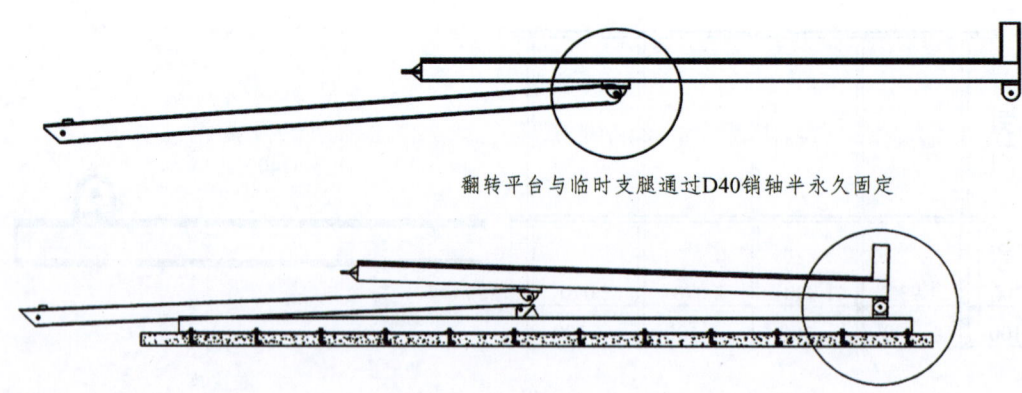

图 3-23　翻转机构临时支撑杆示意图

翻转原理：现场利用塔吊或汽车吊吊住翻转平台 A 点向上提升，平台绕 B 点顺时针旋转直至与地面达到接近 90°状态，然后将临时支撑 C 点与基座中央坡支座进行固定，形成稳定三角支撑体系（图 3-24）。

翻转过程：翻转机翻转→固定临时支撑杆→吊点重新固定→构件吊运（图 3-25）。

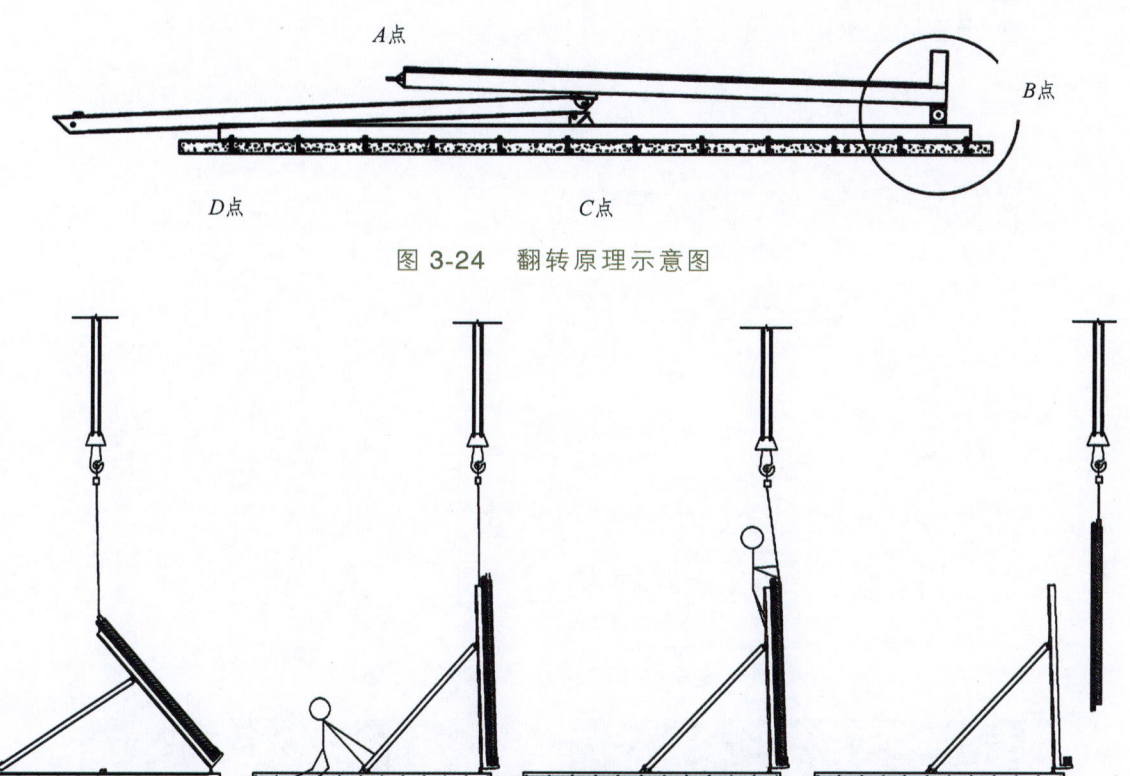

图 3-24 翻转原理示意图

图 3-25 翻转过程示意图

实施效果：通过采用自主研发的翻转机机构及其翻转方法，解决了超长超重墙板构件在吊装前方向难以调整的问题，同时避免了水平状态翻转易折断的难题，大大节约了构件吊装时间，节约了吊装机械投入。

3）装配式结构 PC 外挂板成套施工技术

创新性地采用装配式结构 PC 外挂板成套施工技术，工厂预制时，根据结构尺寸在 PC 外挂板上、下端预留与预制梁相连接的连接件，墙板下端预留能够调节水平的调节件及门窗安装预埋件，上端预留能够调节垂直的调节件及垂直吊装孔，在下连接件的底端设置标高调节件，在施工框架梁时事先预埋特定连接件，间距同墙板连接件（图 3-26）。待框架主体施工完成后，开始吊装 PC 外挂板，吊装就位后将外挂板上、下连接件与梁预埋件进行连接，连接固定前需通过调节件进行 PC 外挂板垂直度、平整度、标高的调整，满足要求后外挂板下端采用螺栓固定，上端采用焊接固定。利用 BIM 技术，进行吊装前模拟；安装时，外挂板临时固定完成后，通过调节斜支撑完成外挂板的垂直度调节，采用手动液压泵进行标高的调节，实现外挂板精确安装（图 3-27）。

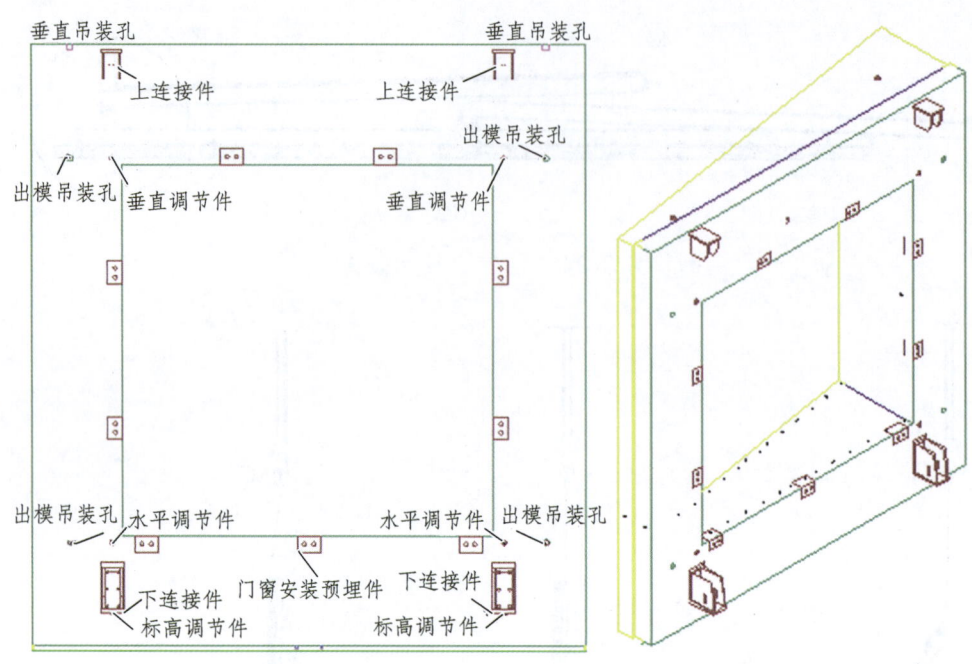

图 3-26　PC 外挂板构造示意图

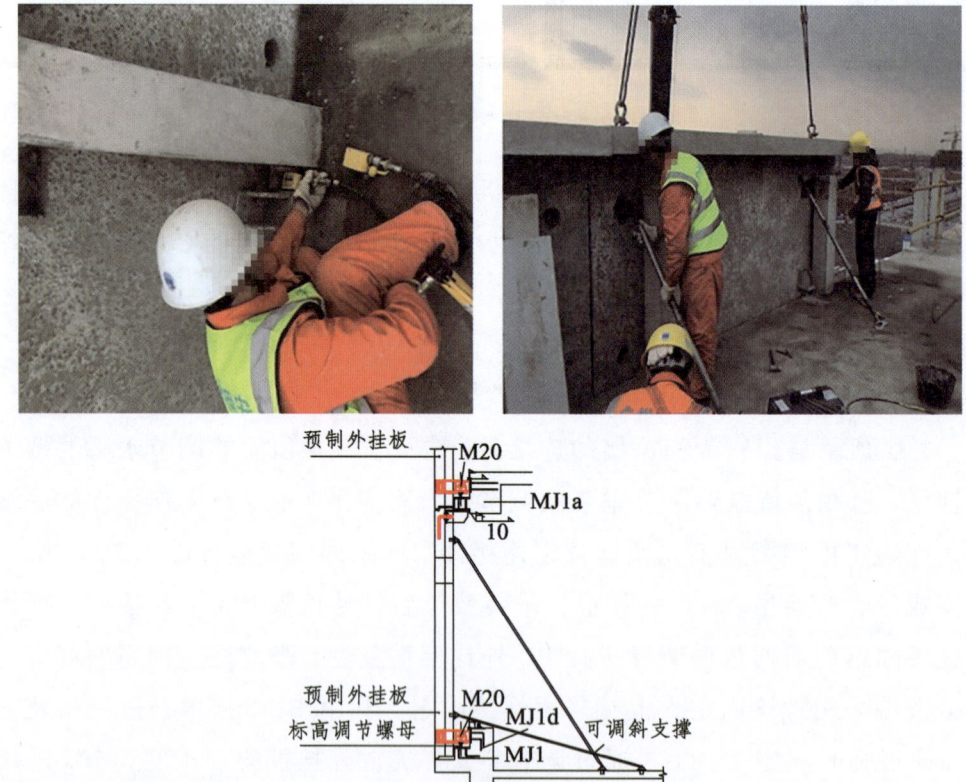

图 3-27　PC 外挂板安装调节施工

实施效果：通过本技术实施使装配整体式框架结构外挂板构件水平调整方便、简单，一次定位成功，合理有效地解决了装配整体式外挂板施工中定位不准确的难题，可灵活应对各类复杂节点，确保了各工序间的高效、无间隔流水施工，避免了施工过程中的安全隐患，提高了成品质量，加快了施工进度。

4）装配式高效节能被动围护结构和材料产品

技术背景：装配式混凝土结构集成技术是国内外该领域前沿研究课题，装配式混凝土技术与近零能耗建筑技术的融合所面临的困难是国内外鲜为接触的，工程所需材料开发生产应用目前处于较为初级的阶段，开发出新材料进行应用，并能有效达到近零能耗的节能要求是工程技术难点。

创新内容：

（1）开发出集围护、装饰、节能、防火为一体的轻质微孔混凝土复合外挂大板，研发出高稳定、发泡倍数100倍以上可调微孔混凝土发泡剂。

发明了封闭孔径分布在 0.1～1.5 mm、孔隙总体积≤50%的轻质混凝土，创造性地平衡了孔隙率、孔径分布、孔隙形状等孔隙参数，量化了孔隙特征与热工、力学性能的相互关系，提出了轻质微孔混凝土密度、陶粒种类及掺量对轻质微孔混凝土力学性能与导热系数、蓄热系数等热物理性的最佳参数；同时，根据对建筑本身的屋面女儿墙冷热桥分析（图3-28），研发出一种被动式外窗固定冷热桥处理结构和被动式阳台落地窗结构（图3-29），有效解决了普通混凝土与微孔混凝土复合板的协同受力、界面强度、开裂耐久、大尺寸墙板收缩效应等难题，实现了工业化生产，广泛应用于装配式近零能耗建筑工程。

（2）研发出最优相变墙板、外窗和蓄能吊顶；高效蓄/放热地板。

研发出周期性热边界下在室温最高/最低时刚好完全融化/凝固的最优相变墙板、外窗和蓄能吊顶，以及高导热金属网强化传热兼防开裂的相变-混凝土高效蓄/放热地板，确定了墙、地板冷/热风蓄热构造形式、流程长度、风速等优化参数（图3-30～图3-32）；解决了围护结构的移峰填谷，蓄放/热不可控、相变围护结构换热系数和换热面积有限的难题，为近零能耗建筑提供了材料和部件。

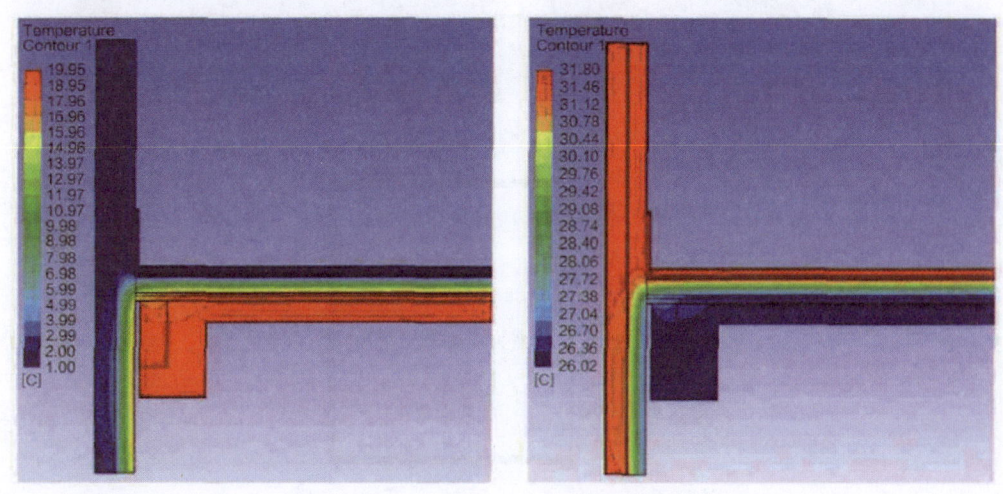

图 3-28　屋面女儿墙热桥分析

图 3-29　被动窗冷热桥固定装置安装

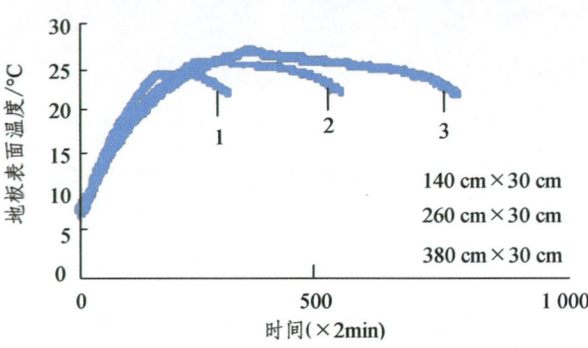

图 3-30　PCM 填充率地板温度曲线

图 3-31　定形相变材料

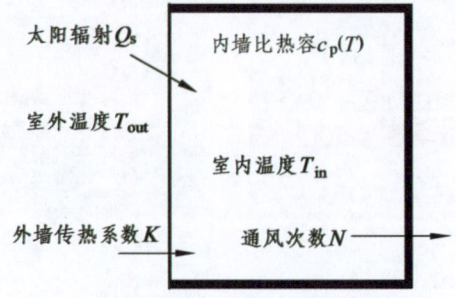

图 3-32　地板、吊顶相变蓄能模型

实施效果：通过开发研究装配式高效节能被动围护结构和材料产品，有效解决了装配式围护结构材料耐久、收缩变形、换热系数、换热面积等技术难题，实现了工业化生产，广泛应用于装配式近零能耗建筑工程。

5）被动式近零能耗建筑机电集成施工技术

技术背景：目前，国内被动式建筑处于起步阶段，建筑供暖、采光、照明等机电系统体系复杂，相较传统建筑被动式建筑对相关节能要求更高，有效利用可再生能源，减少消耗常规能源带来的环境污染是机电系统施工重点与难点。

创新内容：采用被动式近零能耗建筑智能化集成技术，采用带有自动设定光感反应的智能调控外遮阳系统、地源热泵技术、采用新风-地道风系统等一系列机电施工技术，可创造室内舒适的居住环境，确保建筑节能和能源的高效利用。

（1）采用带有自动设定光感反应的智能调控外遮阳系统（图 3-33），根据室外太阳光的强度自动控制外遮阳的开启角度，以达到防眩光、减少冷负荷的效果。

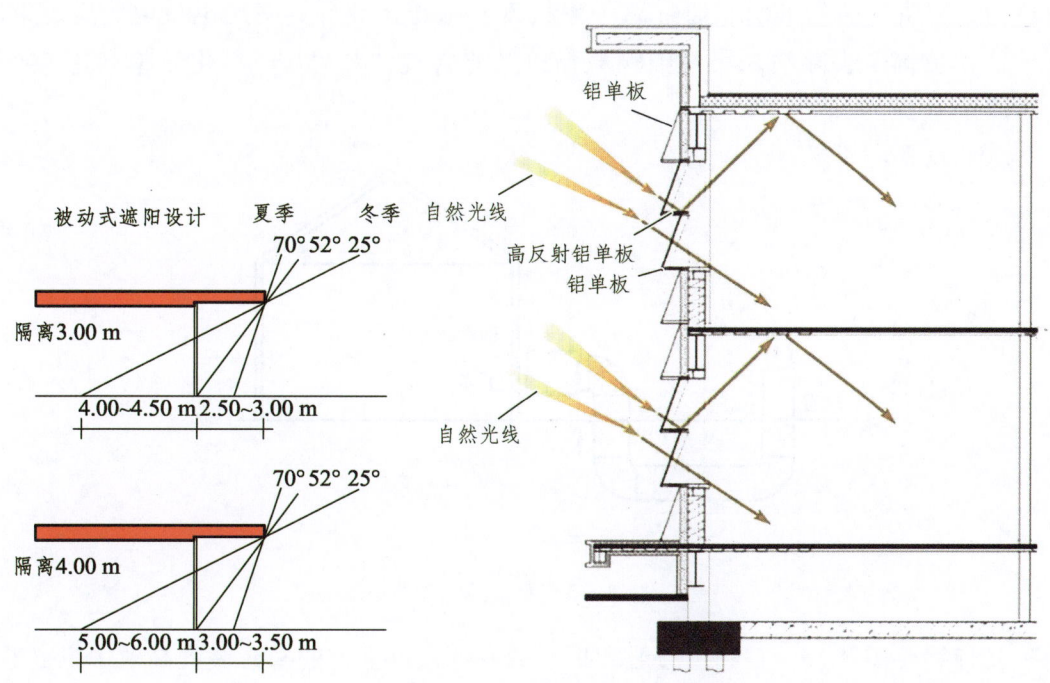

图 3-33　智能调控外遮阳系统

（2）地源热泵系统是以岩土体、地下水或地表水等浅层地热能为热源，由热泵机组、热能交换系统以及建筑内末端系统组成的供冷供热空调系统；通过采用地源热泵技术（图 3-34），冷热源采用地埋管式地源热泵，地源热泵机组的耗电量与电供暖相比节省 70%左右，使用寿命是空调系统的 2 倍。

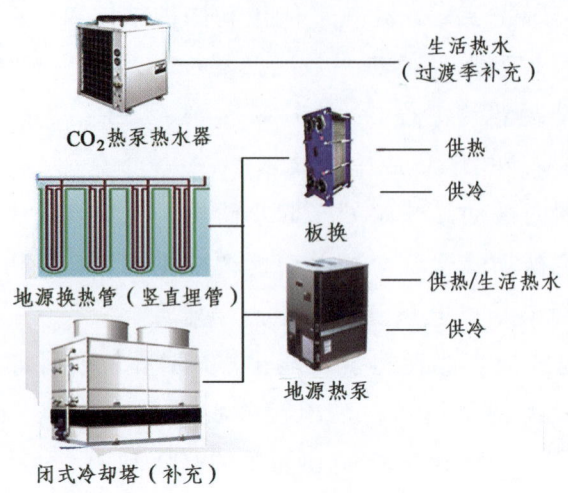

图 3-34　地源热泵系统

（3）采用新风-地道风系统（图 3-35），利用地埋管风系统预冷预热新风，不需要制冷机或加热器，节省电能约 80%，通过离子瀑技术和除霉菌涂料，高压电放电，离子束瞬间释放数十亿正负离子去除纳米级超细颗粒物以及有害气体和异味，净化效率高达 99%，实现健康洁净的新风。

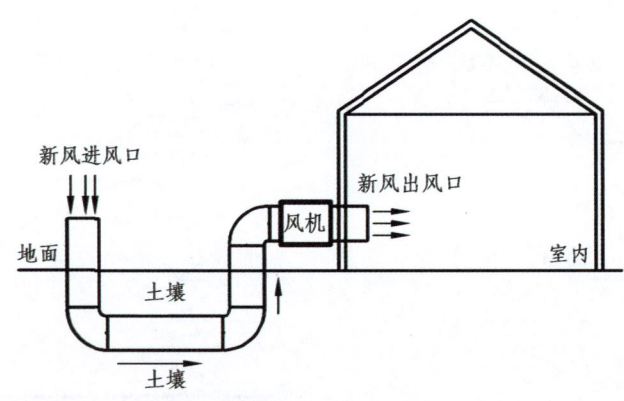

图 3-35　新风系统

（4）光导管（图 3-36）是利用透射和折射的原理通过室外的采光装置高效采集自然光，并将其导入系统内部。暴露在室外的集光器收集室外自然光并透过采光器导入系统内部，经过特殊材质制作高反射率的导光管，通过多次反射改变自然光的传播方向，并将光线反射到系统底部；然后经底部的漫射装置把自然光均匀高效地照射到室内任何需要光线的地方，得到由自然光带来的柔和光线、不产生眩光的特殊照明效果；再根据对光线的要求启动调光装置，全开全关或半开半关，自由调节，控制导光管内的光通量，从而达到调节室内照明亮度的目的。

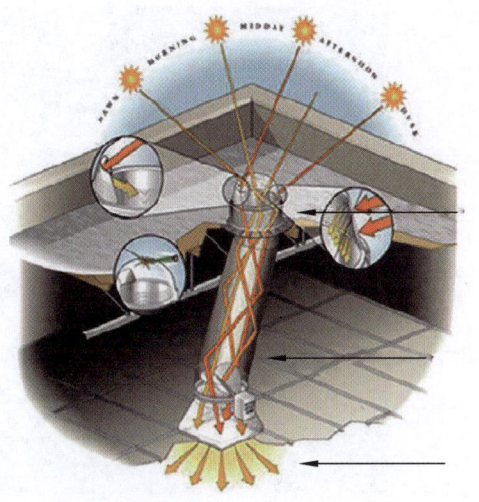

图 3-36 光导管照明系统

实施效果:通过对被动式近零能耗建筑机电集成施工技术的研究与应用,突破对自然光、自然风的利用,减少由常规能源带来的环境污染,节约了建筑能耗,增加了建筑供暖实现节能环保,有效改善了室内环境。

3.2.1.3 攀枝花零碳村庄

零碳村庄试点项目由住房城乡建设部门牵头统筹协调,县区政府主导项目实施,深化与专业机构和企业合作,发动群众参与,汇集多方财智共建、共治、共享。

1. 组织实施规划建设

混撒拉村(图 3-37)、龙华村(图 3-38)分别是攀西有名的"杧果第一村"和"枇杷亿元村"。两村作为同一批试点,以农村居民新型生产生活需要为根本前提,从节能低碳农房建设改造、人居环境提升、清洁能源体系构建、产业绿色智慧转型等路径,同步开展建设。两个村庄分别实施绿色低碳农房改造、绿色交通出行、公共光伏能源工程等内容建设,大力推广可再生能源、发展生态循环农业,实现农业低碳生产、倡导循环利用、形成绿色低碳生活方式,从而实现减排增汇,改善农村人居环境,提升村容村貌,增强农民幸福感、获得感。

昔格达村(图 3-39)通过与能源企业展开深度合作,实施零碳村庄打造。试点采用"光伏+氢能+锂电"应用方案,构建起全市首个氢能智慧能源站,实现发电、配电、储电一体化。积极探索"光伏+"设施改造应用,切实改善农村基础设施条件,推动乡村人居环境、生态景观及产业发展等方面创新绿色发展,富有成效和特色。

图 3-37 攀枝花市仁和区混撒拉村

图 3-38 攀枝花市米易县龙华村

图 3-39 攀枝花市盐边县昔格达村

2. 党建引领项目发展

在试点建设过程中充分发挥党员在基层治理中的示范作用，成立零碳村庄项目建设推进党员小组，积极开展入户宣传，组织绿色低碳知识宣讲活动，将支持、参与绿色低碳农房改造工作情况纳入党员干部评先评优、考核等。

3. 实施农房绿色建设改造

2022年四川省颁布实施了《攀西地区民用建筑节能应用技术标准》，明确攀枝花"温和C区"气候分区。气候温和、阳光充足的气候特点，确立了攀枝花建筑要加强通风隔热、充分利用太阳能的设计方向。加装光伏产品不仅可以充分实现光电、光热转换，而且还具有优良的遮阳隔热效果，既能提高房屋舒适性，又能满足房屋能源供给，是攀枝花农房建设改造的重点。一是轻介入、重生态设计理念。充分利用自然采光、自然通风，加强屋顶遮阳隔热，推广普及节能家电等生产生活设备，优化节能效果。二是绿色建材、绿色施工应用。使用各类本土化可循环绿色低碳建材，运用装配式建筑等技术，减少建设用材和施工阶段碳排放与能耗。三是探索低碳农房建设体系。采用光伏瓦等新型光伏材料，大力推广普及 BIPV 建筑光伏一体化产品，实现建筑自给供能；将光伏利用与农房风貌提升相结合，打造功能现代、成本经济、结构安全、绿色环保、风貌协调的现代宜居农房。四是高效、节能运行。开展能耗实时监测，建设室内环境监测、建筑能耗水耗监测、信息数据发布显示平台，为进一步优化用能结构提供数据参考。

4. 实现零碳主要措施

深入推进农业农村现代化建设：一是完善乡村公共基础设施配套。结合绿色低碳农房改造建设，进一步完善乡村生活污水、垃圾处理设施建设，就地处置或利用农村排放废弃物，减少碳排放，促进农村绿色生态循环。二是进一步提升乡村宜居环境。结合"美丽四川·宜居乡村"打造，对民居庭院内外进行栽花植绿，美化改善农房房前屋后环境，通过零碳村庄项目分布式光伏屋顶改造，整治彩钢棚等私搭乱建行为。改善乡村整体环境风貌。三是推广可再生能源利用。加大可再生能源利用的技术和产品利用，促进农村建设、生产、生活用能自给自足，推广沼气等生物质能源普及应用，构建乡村绿色能源体系。四是引导群众自主环保节能。制定村民行为公约，引导促进村民生产生活方式绿色化转变；开展绿色低碳知识宣讲活动，逐步提升村民绿色低碳发展意识。五是创新发展乡村绿色文化。探索乡村文化艺术与清洁能源相结合场景应用，建设绿色休闲文化广场，扩展村民新型智慧活动空间，让"零碳"全方位渗透百姓文化生活，全面助力乡村文化振兴。

5. 试点初步成效

3个零碳村庄试点项目建设成效显著，乡村转变欣喜可见。一是环境改善，重获田园乡愁归属感。通过对农房的绿色低碳建设改造，改善乡村农房风貌，提升乡村整体环境，提升乡村宜居质量，增强村民获得感、自豪感。二是乡村光伏，带动居民集体收益稳定增长。结合发展整村光伏，拓宽全村收入渠道，经初步测算，混撒拉村、龙华村、昔格达村每年光伏发电 848 万 kW·h，折合成 2 780 tce，每年减排二氧化碳约 8 450 t，光伏设施收益约 340 万元/a。村庄用能成本降低，居民收入稳定增长，基本实现公共用能的绿色电力全替代。三是资源整合，提振产业功能布局。结合试点宣传工作开展，擦亮"攀西枇果第一村""枇杷亿元村""乡村旅游网红村"招牌，提高特色农产品知名度，同时增添乡村旅游产业开发价值和亮点，带动旅游业发展，形成产业优势互补的良好发展局面。四是观念转变，深植自主环保节能意识。通过引导制定村民绿色低碳行为公约等各方途径引导，零碳理念逐渐深入人心，试点村庄生产生活方式已然转变。

3.2.2 绿色建筑

3.2.2.1 遂宁市市民中心建设项目

1. 项目概况

项目名称：遂宁市市民中心建设项目

项目所在地：遂宁市河东新区

建筑面积：136 818.76 m²

建筑功能：政务中心、会议展览、市民服务

2. 项目关键技术分析

（1）建筑环境关键技术分析。本项目采用的玻璃幕墙可使光透射比不大于 0.2，不对周边造成光污染。周边种植绿化乔木，可美化室外环境，有效降低室外交通噪声对室内的影响。室外风环境良好，适于休闲。建筑外窗采用 6 mm 高透光 Low-E+12 mm 空气+6 mm 透明玻璃，主要功能房间楼板采用隔声砂浆，降低噪声干扰，营造良好的室内环境。外墙采用玻璃，屋面采用玻璃光顶，为室内提供良好的采光环境；选用高效照明光源、高效灯具及其节能附件，降低照明能耗。

（2）建筑节约能源关键技术分析。本项目采用风冷模块冷水（热泵）机组，其制冷性能系数 COP 满足节能要求。空调水系统为一次泵负荷侧变流量、冷热源测定流量、分区两管制闭式循环系统。对空调系统实施中央监控，采用中央空调能源管理系统，方便管理、节省能源。

（3）建筑节约资源关键技术分析。本项目充分利用市政水压，生活用水采用市政直供，超压支管设置减压阀；采用节水器具，各卫生器具节水等级均达 2 级。室外绿化采用微喷灌、渗灌或滴灌等高效节水灌溉方式，节约用水。

3.2.2.2 成都银泰中心

1. 项目概况

成都银泰中心项目位于天府大道和金融城绿化轴交汇处，占地面积超 4.5 万 m²，由 4 层地下室、9 层裙楼和一栋高 220 m 的酒店塔楼、两栋高 195 m 的办公塔楼和两栋高 185 m 的住宅楼组成，总建筑面积近 73 万 m²。项目融超五星级酒店、酒店式公寓、甲级写字楼、大型商业及高档住宅于一体，是成都乃至西部地区规模最大、业态最全、档次最高的城市高端综合体。

2. 项目关键技术分析

（1）建筑垃圾回收再利用技术。目前，国内建筑工程施工过程中产生的建筑垃圾多采用人工收集后，利用施工电梯、物料提升机、施工塔吊等设备运输至地面，然后装车运输至施工现场以外指定区域进行垃圾处理、消纳。由于施工现场产生建筑垃圾较多，其中固体垃圾占主体施工阶段建筑垃圾 80% 以上，且分布于各施工楼层，不仅给清理运输工作带来了困难，且造成了极大的资源浪费及环境污染。

建筑垃圾余料回收系统由运输管道、下料口、消能弯、收集器、固液分类装置、破碎设备、免烧砖设备、搅拌设备等组成。

系统如图 3-40 所示，系统运输管道、下料口形式如图 3-41 所示。

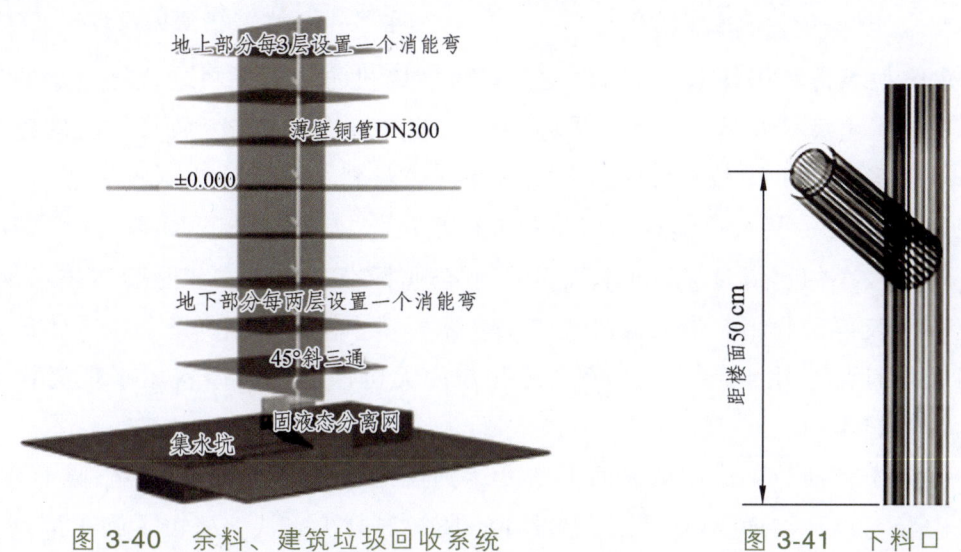

图 3-40　余料、建筑垃圾回收系统　　　　图 3-41　下料口

建筑垃圾收集过程中在主体结构已有竖向井道内设置定型化垂直运输管道作为垃圾运输通道，底端位于地下室底层，解决了垂直运输机械的占用问题，每层设置三通形下料口。为解决楼层内建筑垃圾向运输通道转运的问题，研制出混凝土余料及工程废料收集三通装置，同时研制出工程废料收集系统构件消能弯设置在垂直管道上（图 3-42），解决了垃圾下落过程中动能过大问题，起到了缓冲作用，保护管道、防止出现破坏管道伤人的情况。

研制出系统末端设置固液分离装置（图 3-43）使得固体垃圾与液体自动分离，然后通过人工对垃圾进行分类，这样克服了垃圾分离回收过程中垃圾水分含量高、不易收集、难以分离等困难，同时液体分离后经过处理可重新进行利用，提高了回收率，也改善工人工作环境。

图 3-42 消能弯示意

图 3-43 收集中心固液分离装置

（2）建筑垃圾再利用技术。研制出建筑垃圾破碎机防飞溅下料装置将收集的建筑垃圾分类后，对固体垃圾采取具有防飞溅措施的锤式破碎机进行粉碎，粒径较大的建筑垃圾经与设计单位沟通后掺水泥用于替代地下室地面回填材料（原设计为水泥炉渣），地下室需回填面积达 4 万 m^2，最大可消耗回填材料 0.8 万 m^3。

针对粒径较小的建筑垃圾，项目部编制了企业标准《现浇式节能墙体技术规程》《无机固体建筑垃圾再生利用制作的混凝土砌块技术标准》作为依据，将小粒径建筑垃圾作为级配骨料按设计配合比生产混凝土免烧砖和作为无机保温浆料原料用于现浇式无机保温浆料节能墙体施工中。

该墙体施工周期短，成型后表面平整度达到免抹灰要求。墙体保温、隔声效果良好，在本项目中经与设计沟通，用于替代原设计的加气混凝土砌块，缩短了施工周期，成型效果好，取得了良好的经济效益。

（3）施工降水回收利用、雨水喷淋降尘成套技术。目前，常规深基坑施工时，地下无压降水、雨水经沉淀后直接排入市政管网，水资源浪费严重。此外，施工现场产生的扬尘一直是大气污染物中 PM10 的主要组成部分，而在扬尘治理的技术方面，我国一直以来采用单一的水柱冲刷、覆盖等手段，浪费水资源且收效甚微。

（4）地下降水回收利用技术。在降水施工前期，我们多方讨论，充分考虑了降水、消防、土建施工等多方面因素的影响，采取环形管网连接降水点，并在基坑两侧设置沉砂池和消防水箱对地下水进行回收、存储。该部分水通过设置的环形施工用水管道和消防管道用于现场的施工用水、冲洗车辆、厕所冲洗、消防用水及降尘喷雾，有效实现了水资源的回收再利用，减少了施工现场的粉尘污染，成功达到了节约水资源、环境保护的目的。

（5）雨水收集再利用技术。通过对雨水的收集、储存，将该部分水用于现场除饮用水外的其他用水部位，特别是地下室回填。降水停止后，现场节水措施主要通过雨水收集。

研制出自动喷洒装置，在现场基坑周边设置环网给水系统，由储存地下水及雨水的水箱经二次加压对环网进行水源供给，利用自动喷洒装置解决临时道路 3 m 高范围内的扬尘问题；研制出高空降尘遥控喷雾系统，可有效治理施工期间所产生的扬尘，同时降低成本、减少能耗，实现绿色施工。此阶段的扬尘因主体结构施工，主要产生于主体结构内，并扩散于主体结构外围 5~10 m 范围内空气中。

（6）施工照明及施工机械节能技术。现场照明，尤其是地下室照明，耗电量大，照明效率低；同时，由于灯具开关缺乏管理，施工现场"长明灯"和"黑楼道"的情况普遍存在，灯具的使用无法适应现场需求并且造成了大量能源浪费；再者，大型机械设备如塔吊、施工电梯、混凝土输送泵等设备也存在功效低，能耗高等问题。

（7）临时照明系统综合布线及节能技术。经研究策划，研制出利用建筑物正式管道进行施工临时用电线路敷设技术，集成使用正式回路做临时照明（图 3-44），采用 LED 灯照明技术、声光控延时开关、时间控制开关等技术实现了临时用电免裸线施工，节约了能源。

图 3-44　地下室使用正式回路做临时照明

（8）大型机械设备节能技术。大型机械设备节能技术主要由塔吊无功补偿装置、变频电机、变压器优化 3 部分组成。对大型设备采用无功补偿装置、变频电机技术以及对变压器进行优化，降低能耗，有效保证了大型设备使用安全。

3. 项目实际效益及可推广价值

成都银泰中心项目形成的技术成果不仅对节能减排起到了积极作用，同时带来了项目管理效益的逐步提高，项目管理团队创新意识不断提高，项目绿色施工得到了社会各界的认可，国资委节能减排处处长、住房和城乡建设部副部长、成都市市长、中国建筑业协会副会长、绿色施工分会秘书长等先后莅临项目检查指导工作。住房和城乡建设部副部长认为"银泰项目绿色施工做法走在了全国前列",中国建筑业协会副会长认为该项目是"建筑企业绿色施工的一面旗帜,其绿色施工创新做法值得在全行业学习推广"。成都银泰中心项目承办了全国绿色施工观摩会、四川省绿色施工观摩交流会、中国建筑总公司绿色施工观摩会、中建八局绿色施工现场观摩会、银泰置地集团安全质量项目标准化观摩交流会等数十次大型观摩会,以及四川省住房和城乡建设厅、成都市政协、成都市建委、成都市环保局等百余次参观、考察,四川卫视、成都电视台、华西都市报、成都商报等数十家新闻媒体报道,极大地提升了企业的品牌形象和社会影响力。成都银泰中心项目不仅是中建八局近年来创建众多绿色施工示范工程中一个最有代表性的典型,也为建筑业推进绿色施工树立了一面旗帜。同时,该项目也是建筑业新时期深化工程项目管理,实施创新驱动战略的先行者和探索者,其经验值得在全行业学习借鉴和大力推广。

3.2.3 节能改造

3.2.3.1 港汇天地

该项目设置能耗分项计量装置,耗电量、补水量设置计量表计量(循环水泵耗电量单独计量),集中空调及供热系统的供冷及供热量设能量表进行计量,锅炉耗气量计量由专业公司进行设计,公共区域的照明、电梯、水泵、空调等设备按负荷分类在配电房设置总计量表,实现项目用能管理数字化。

项目1号楼4层健身采用多联式空调,2号楼、3号楼采用分体空调。1号楼塔楼空调冷源采用3台单台制冷量为1 464 kW的螺杆式冷水机组,空调热源采用2台单台制热量为1 400 kW的真空热水锅炉(热效率92%);电影院冷、热源采用4台风冷模块机组,每台模块机的制冷量为130 kW;负一层商业、超市空调冷源采用2台单台制冷量为1 145 kW的螺式冷水机组,空调热源采用2台单台制热量为700 kW的真空热水锅炉;泳池设计三集一体除湿热泵机组。

合理选配空调冷、热源机组台数与容量,所采用的供暖空调系统的冷、热源机组能效均优于国家标准能效限定值的要求,且采取措施降低过渡季节供暖、通风与空调系统能耗,制定实施根据负荷变化调节制冷(热)量的控制策略,如所有全空气系统均可调新风比,在过渡季节最大新风量为送风量的70%,又如1号塔楼、电影院、负一层商业超市、泳池分设冷热源机组。制冷季:根据负荷侧的供回水压差变化,控制压差旁通阀的开启度,当旁通流量达到单台机组额定流量的110%时,停止1台冷水机组运行,并延时停止其相对应的冷却塔(风机)、冷却水泵、冷冻水;供暖季:根据负荷侧的供回水干管之间压差变化,控制位于供回水总管间的压差旁通阀的开启度,当旁通流量达到单台热水机组器额定流量的110%时,停止1台热水机组和板式热交换器及其相应的空调热水泵运行。

一般场所光源采用 T8 或 T5 型直管光灯（以材料表为准）或节能灯。荧光灯配用符合国家标准的电子镇流器，各功能房间照明功率密度值达到现行国家标准中的目标值规定。照明控制方面，室内照明采用分散与集中、手动与自动相结合的方式。门厅和架空层普通照明、屋顶泛光照明、庭院路灯及景观照明采用定时集中控制方式；走道、电梯厅、楼梯间及楼梯间前室采用就地分散控制方式。室内照明采用分散与集中、手动与自动相结合的方式。门厅和架空层普通照明、屋顶泛光照明、庭院路灯及景观照明采用定时集中控制方式；走道、电梯厅、楼梯间及楼梯间前室采用就地分散控制方式，如公共楼梯间及楼梯间前室照明采用红外感应节能灯；无天然采光的内走道、电梯厅普通照明采用时控开关集中控制；有天然采光的外走道、电梯厅普通照明采用光感应+时控开关集中控制。

集中供暖空调区域均配置新风系统，塔楼商业、办公区域采用独立新风加风机盘管（办公挑空区采用吊顶式风柜）系统；塔楼大堂、宴会厅采用一次回风全空气系统；塔楼宴会厅采用一次回风全空气系统；首层商业采用吊顶式机组一次回风全空气系统。新风口设置防护网及初效过滤器；通风空调系统设置供风管清洗、消毒用的可开闭窗口；空调全空气系统设置空气净化消毒装置并配备在线检测系统，有效保证了室内通风及空气质量。

统筹利用各种水资源；设置雨水池收集屋顶、路面雨水，通过过滤消毒等处理后水质达到相关要求进入清水箱，回收利用用于绿化浇洒及道路、车库冲洗，年雨水利用总量可达到 4 100 m^2，非传统水源利用率为 1.84%；结合海绵城市专项设计，采用下沉绿地、屋顶绿化、透水铺装等措施达到场地年径流总量控制率大于 90%。

采取配水支管处供水压力大于 0.2 MPa 者，设支管减压阀卫生器具采用 2 级及以上节水器具；景观灌溉采用喷灌、渗灌等节水灌溉方式，循环冷却水系统补水池和消防水池合用；冷却水系统设置平衡管避免冷却水系统停泵溢流等诸多设施设备措施节省项目用水资源。

3.2.4 可再生能源

3.2.4.1 甘孜光伏基地数展综合楼

1. 项目概况

项目名称：甘孜州 2020 年南部光伏基地正斗一期（20 万 kW）竞争配置项目——数字能源控制展示中心及综合楼。

项目所在地：四川省甘孜藏族自治州乡城县正斗乡顶贡大草原，与甘孜州已建扶贫光伏接壤，海拔高度 3 960 m。

项目规模：项目占地面积 0.982 1 hm^2，本建筑总建筑面积 2 974 m^2。

建筑功能：办公、展厅、瞭望塔、集控室、会议室、院士工作站、指挥中心、档案室、门卫值班室、宿舍、微压氧舱室、活动室、食堂、食品储藏室、洗衣房、公共卫生间、公共淋浴室、生活水池及泵房、消防水池及泵房。

在此背景下，数字能源控制展示中心及综合楼作为该项目为工作员工、科研人员、检修人员、参观人员等提供的唯一居所，是一座新能源企业的前哨，一张光伏企业的名片。在如此高海拔、严寒地区集展示、办公、住宿多种功能为一体几乎为孤岛的建筑，通过先进的建筑设计构思和性能分析手段，多种被动式+主动式节能技术融合实现项目的目标愿景。

2. 项目关键技术分析

该项目基于被动式建筑通风采光保温蓄热技术，结合当地太阳高度角，利用楼板出挑在夏季形成自然遮阳，而不遮挡冬季的自然采光。在夜晚，通过白天墙体储热，向室内散发能量在核心区的南侧立面上，运用倾斜的立面与水平出挑的楼板，以达到室内的舒适性。南向设大面积的玻璃窗，太阳光透过玻璃窗照射到墙壁（墙体采用蓄热性好的重质材料）、地面及家具，其中一部分太阳辐射能储存在墙体和地面里，夜间逐渐释放出热量维持室内的温度。

房间窗户和折叠门密闭性良好，夜间窗户和折叠门之间形成薄空气腔，可有效减缓室内热量传向室外。同时北向的开洞面积尽量小，减少建筑的热量散失。

在核心区内，采用当地可以提供的页岩实心砖：该材料拥有较为理想的导热系数和蓄热系数。同时基于对造价的控制，采用利于蓄热的剪力墙形成重质墙体，提供经济性、抗震性和蓄热性能，解决北墙得热问题。

同时构造光伏建筑一体化，结合乡城县当地得天独厚的自然条件，充分利用日照期间的光能，建筑屋面以15°的倾角铺设光伏板，建筑南立面采用碲化镉玻璃，将光伏技术等新能源技术与建筑一体化设计应用，最大化利用光能并转化为电能，提升建筑的使用体验，以达到零碳、负能耗的目标，使建筑本身成为光伏新能源的宣传载体，实现以人为本的可持续发展。

基于光伏采暖成套一体化策划，由于南侧房间立面开窗面积较大，以被动直接受益方式获取的太阳能为主要热量来源，以光伏太阳能采暖技术为辅。其次北侧房间面向中庭开窗获取的热量有限，因此以光伏太阳能采暖技术为主，通过屋面光伏系统获取电能，以供应电热膜采暖系统，而以被动直接受益方式为辅。

石墨烯电采暖供暖系统优点。

（1）电能转换为热能的效率在98%以上，1~2 h均热、温度可达35 ℃左右。

（2）供热表面积大：面状发热、全方位无死角向空间散热。

（3）安全节能环保：0.2 ms 自动断电保护、IPX7级防水、增加室内负氧离子、去除甲醛。

（4）安装快速简便：100 m² 安装只需 1~2 d 即可完成。

（5）使用寿命50年：石墨烯发热芯体寿命长达70年，与建筑同寿，10年质保。

（6）保养维修率低：无年度维护，3～8年仅需更换温控器。

3. 项目实际效益及可推广价值

甘孜州2020年南部光伏基地正斗一期（20万千瓦）竞争配置项目——数字能源控制展示中心及综合楼充分结合当地气候地域特点，利用先进的建筑设计理念，多样化数字模拟技术，为建筑低能耗、零能耗乃至负能耗设计提供了丰富的思路。建筑设计中涉及的各项策略、措施及技术，对太阳能充足、严寒及寒冷地区的办公居住等综合类 建筑，有极大的推广意义。

3.2.4.2　东方电机厂区综合能源示范项目

1. 项目概况

随着生活水平的提高，能源危机和环境危机逐渐成为人类生存的共同挑战。而我国能源消耗强度大、单位GDP能耗高、能源利用率低、可再生能源占比低、化石能源占比高、污染排放高、化石能源储采比小、油气进口依赖度高，能源安全危机更为严重。习近平总书记在2014年提出"四个革命、一个合作"能源安全战略，更进一步在2020年9月明确提出了2030年"碳达峰"与2060年"碳中和"的目标。几年来，中国能源科技逐步向清洁化、高效化、智能化方向发展。

为响应国家"双碳"政策，东方电机在努力开发清洁高效的发电机组的同时，也积极钻研综合能源技术，致力于为用户提供综合能源解决方案。同时，以自身园区为样本，规划建成了东电厂区综合能源示范项目，对东方电机的综合能源规划技术进行了验证并助力园区实现节能和减碳的目标。

2. 项目关键技术分析

东方电机的综合能源规划技术是根据自身在能源使用优化方面的技术积累，设计了一种新的制造业设备复合载荷模型结构，通过把模糊聚类技术应用于负载曲线，将负荷行为相似的曲线聚在一起，为园区综合能源系统规划和运行提供了模型基础；并基于电网、气网以及热网，对IES中风光机组、地源热泵、电制氢等设备，综合考虑能量平衡约束、储能设备充放电约束以及容量约束的多源能流耦合技术；开发了一套基于多目标优化的综合能源规划方法。该方法在系统规划运行中可实现不同能源系统的优势互补，有助于可再生分布式能源的大规模接入和高效利用，最终达到提高能源效率、降低能源费用的目的。

东方电机在投入大量研发力量进行综合能源规划技术研究的同时，也整合自己长年深耕能源设备、能源工程领域的所积累的技术、经验以及各项能力，使自己逐步具备从用能调研、方案设计到工程实施的一条龙服务能力。

3. 示范项目建设情况

东方电机在进行技术开发的同时，以自身园区为样本，结合所在地域的可再生资源条件、外供能源资源条件、厂区用能情况，通过深入研究与仿真计算，得到了包含光伏、CCHP、地源热泵、储能等在内的东方电机合能源解决方案。通过将该方案与东方电机实际情况相结合，规划建成了东电厂区综合能源示范项目。具体建设内容如下：

1）综合能源管理平台

综合能源管理平台（以下简称"能管平台"），是对厂区内能源资源进行集约化的智能监测管理平台，如图 3-45 所示。

图 3-45　综合能源管理平台

通过平台建设，实现了以下几个功能：

（1）将东电厂区现有 1 000 余台水、电、气各类表计替换为智能表计，并通过 5G 网络将数据上传至能管平台，实现了厂区内一级计量仪表 100% 的数据自动采集，其他各类计量仪表 98% 以上自动采集。

（2）通过对数据的统计、分析，实现各部门、各分厂、各重点用能设备的能耗透明化管理。

（3）形成各分布式能源站的网侧与边缘侧协同管理。

（4）通过能管平台建设，使能耗数据透明化和可视化，使整个园区能源的精细化管理具备基础，后续基于能管平台的大数据分析，逐步提升能源管理颗粒度，预计可节约能源 5% 左右。

2）燃机发电及余热利用

园区燃机发电及余热利用系统与常规的冷热电三联供使用方式不同，该项目规划了内燃机烟气余热与线圈分厂的烘干工艺相结合的新型应用方式，将烟气余热先供给烘炉生产使用，再将剩余的烟气和缸套水供给溴机进行制冷或供热，提高了内燃机余热的利用效率。

根据"以冷/热定电"的原则，最大限度利用发电余热，本项目采用 1 台 200 kW 级内燃机发电机组，烟气余热供烘炉功率为 50 kW，配套溴机供冷/热功率在 160 kW 左右，如图 3-46、图 3-47 所示。全新定制化的烘炉设备在最大限度利用烟气余热的同时，通过电加热精确控温，在节能的同时全面满足发电机线圈热烘工艺的温度要求。

图 3-46　新研制烘炉　　　　　　　图 3-47　内燃机和溴机

整个系统建设完成后，按照运行 300 d、每天 18 h 计算，每年可节约用电超过 1 000 000 kW·h，减少碳排放约 270 t/a。

3）储能系统

东电针对自身经常性出现短时用电尖峰的用能特色，利用储能系统的需量管理模式，降低最大用电需量，以节省需量电费。同时，利用分时电价实现用电负荷的削峰填谷，进一步降低电能费用。

由于厂区负荷存在短时尖峰，采用放电倍率较高的磷酸铁锂电池，可以用较小容量储能电池达到较好的削峰效果。该储能系统规划 1 个交流侧出力 1 MW/1 MW·h 磷酸铁锂储能单元，具有 0～100% 的功率调节范围，如图 3-48 所示。

图 3-48　储能设备

当负荷达到阈值且在设定放电时间内时电池将放电，如图 3-49 所示。

系统建设完成后，储能系统节约需量电费 33000 元/月。日削峰填谷可以节约电费 292.68 元/d，根据尖峰出现的频率，储能系统可节约大约 46.9 万元/a 的能源费用。

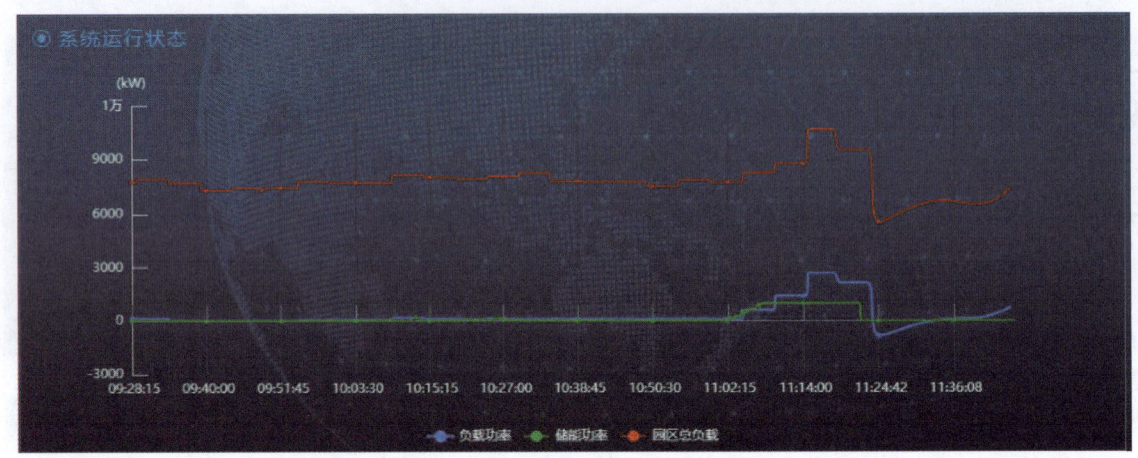

图 3-49　储能系统放电时间与厂区负荷对比曲线

4）光伏发电

光伏系统在布置生产部办公楼楼顶，发电供大楼办公使用。本项目采用 450 W_p 单晶硅光伏电池组件，使用 0.4 kV 电压等级并网。根据组阵方案预制混凝土柱以固定倾角 17°铺设。发电量在大楼内部完全消纳。

光伏系统建设完成后，可发电 3.425 万 kW·h/a，减少碳排放 29.4 t/a。

5）充电桩

在东电园区规划 3 个充电桩，充电桩采用两种形式：落地式交流充电桩两只和落地式直流充电桩一只，交流为慢充（单枪），功率为 7 kW；直流为快慢充两用（快充为双枪），功率为 120 kW。

该充电桩设有运营管理系统，主要提供移动支付、订单统计、设备监控和财务管理等功能，既可满足内部职工充电需求，也可对外营业。

6）雨水回收系统

按照海绵城市理念，东电对厂区原有排水管网进行改造，设置了 1 座 1 000 m^3 的雨水调蓄池，并增加雨水回收系统，采用雨水调蓄池→喷灌泵→喷灌滴灌管网→各喷头及用水点→绿植的工艺流程。管网采用环状布置，喷灌与滴灌相结合，喷头采用地埋旋转式喷头，角度 360°可调，共设置 350 个喷头，灌溉面积可达 10 000 m^2。

7）空压站改建

空压站改建项目针对园区压缩空气典型负荷曲线，重新规划空压机组集群，采用新型的空压机集群优化控制逻辑，对设备进行远程自动控制，实现系统自动、稳定、智能化、节能运行，并对其余热进行回收利用供应生活用热水。

项目建成后，实现了空压机的电耗、产气量等能耗数据和余热利用系统的温度、水位、供热水量实时的显示、统计。可实现 7 台空压机群控控制、顺序控制、气电比最优化控制、运行时间均衡控制、无负荷过久自动停机等功能。

根据历史数据统计推算，系统改建完成后，可节约用电量 92.5 万 kW·h/a。余热利用系统投入使用后，可节约 26 000 m³/a 的天然气。

整个空压机改造系统运行后，将减少碳排放量 850.8t/a。

8）地源热泵系统

地源热泵是一种利用地下浅层地热资源供热制冷的高效节能环保型空调系统。根据换热孔热响应实验结果，东方电机的地热资源较为丰富。在地下 0~120 m 处的平均温度为 19.87 ℃。制冷工况时，换热量为 47.43 W/m；制热工况时，换热量为 63.52 W/m。

为此，东方电机针对档案大楼全年恒温恒湿的用热需求，采用地源热泵中央空调系统，给档案库房及其办公区域总计 2 400 m² 集中供冷供热，根据统计数据分析，系统投入运行后，可节省用电量 29 万 kWh/a，减少碳排放量 249 t/a。

第4章

经验做法

4.1 国外经验做法

4.1.1 国外零碳建筑发展经验

美国提出的2个不同标准：Zero Code 2.0、Zero Code for California。这2个标准分别强调了使用建筑可再生能源或外部购买可再生能源，使用高于现行标准的建筑节能措施（自愿），消除建筑直接化石燃料使用（自愿）；要求商业建筑、机构建筑、中高层居住建筑以及酒店建筑实现零碳排放，建筑用能与可再生能源产能采用逐时匹配算法，要求遵循该法规的建筑禁止安装化石能源作为燃料的设备，建筑光伏系统容量不应小于 21.53 W/m^2 （2.0 W/ft^2）等。

加拿大绿色建筑委员会（CaGBC）在2017年5月发布了《零碳建筑标准》，该标准以碳减排为主要指标来衡量建筑性能，鼓励业主降低建筑物碳排放量。零碳建筑标准在重视建筑节能的基础上鼓励采用场地内和场地外可再生能源的运用。

英国绿色建筑委员会提出的净零碳建筑框架围绕实现净零碳的两种方法制定了定义和原则，其中：净零碳-建造阶段，是指利用可再生能源进行碳抵消后，建筑材料和建造过程中相关的碳排放量达到零或为负的建筑；净零碳-运行阶段，是指具有很高的能效，且通过场地内或场地外可再生能源实现碳平衡，运行阶段的年碳排放量为零或负的建筑。除此之外，第三种方法，即净零碳-全生命周期阶段，指在建筑生命周期内碳排放量为零或负的建筑。

澳大利亚可持续建设环境委员会（ASBEC）提出的零碳建筑标准定义是：零碳建筑是一种在其运行中产生的年度净碳排放量（包括所有直接碳排放和因用电、采暖等产生的间接碳排放）为零的建筑；其中建筑的运行包括所有交付使用时的建筑结构、热水器、内置灶具、固定照明、共享的基础设施，以及安装的可再生能源装置等，同时必须满足特定的能效标准，其合规性则基于温室气体排放量（$kgCO^2$-$em^2 \cdot a$）的模拟或监控结果。

2013年挪威零排放建筑研究中心（ZEB）则提出要基于决心水平、计算依据、系统边界、碳排放因素、能源质量、产需比例、最低能效要求、室内环境要求以及使用中验证等9个要点建立新的零排放建筑定义。其平衡是根据建筑生命周期内相关的温室气体当量排放量来衡量的，而不是直接的能源需求和发电量。

各国基于零碳建筑基本要素的阐述，构成了零碳建筑工作开展的基础，也为零碳建筑的概念定义提供了具体的阐释。现将各国零碳建筑要求汇总见表 4-1。

表 4-1 各国零碳建筑要求

标准规范	适用建筑	平衡周期	计算内容	可再生能源
美国 Zero Code 2.0	商业建筑、机构建筑、中高层居住建筑以及酒店建筑	1 年	供暖、通风、空调、生活热水、照明和其他设备	建筑本体与外部购买
美国 Zero Code for California	商业建筑、机构建筑、中高层居住建筑以及酒店建筑	1 年	供暖、通风、空调、生活热水、照明和其他设备	建筑本体与外部购买,光伏容量不应小于 21.53 W/m^2
加拿大零碳建筑标准	所有建筑	1 年	所有直接碳排放+间接碳排放+建筑材料和部件生产、运输、安装	建筑本体与外部购买均可
英国零碳建筑标准	居住建筑（《可持续住宅规范》）	1 年	供暖、通风、照明、炊事和其他设备	建筑本体与外部购买均可
英国零碳建筑标准	所有新建、改造翻新建筑（净零碳建筑框架）	1 年	所有直接碳排放+间接碳排放+建筑材料和部件生产、运输、安装	建筑本体与外部购买均可
澳大利亚零碳建筑标准	所有建筑	1 年	所有直接碳排放+间接碳排放+建筑材料和部件生产、运输、安装	建筑本体与外部购买均可
挪威零碳建筑标准	所有建筑	1 年	所有直接碳排放+间接碳排放+建筑材料和部件生产、运输、安装	建筑本体与外部购买均可

4.1.2 国外零碳建筑评价体系

美国的 LEED Zero 要求将人员交通碳排放纳入计算，同时可再生能源平衡采用建筑本体、场外可再生能源、能源属性证书及碳补偿多种方式。其局限性包括主要针对建筑设计建造周期，未能够考察建筑全生命周期的环境影响并做出全面考量。

加拿大零碳建筑评价则将建筑材料和部件生产、运输、安装等全生命周期所产生的碳排放量纳入计算。GBTool 更关注建筑对环境的影响，可以适用于不同的地域，重点关注建筑材料生产过程中的环境负荷和建设过程中温室气体的排放。

德国 DGNB 评价体系提出基于全生命周期进行设计，针对不同时期给出相应解决方案，要求降低建筑供暖、通风、空调等方面的能耗及碳排放，其核心是对建筑性能的整体评价，而不是简单衡量是否采用了某项措施。DGNB 首次对建筑的碳排放量提出完整明确的计算方法，从建筑材料的生产与建造、使用期间的能耗、维护与更新、拆除和重新利用四大方面，对碳排放进行计算。

BREEAM 的核心理念是最大限度地降低建筑对环境的影响，关注环境的可持续发展，同时也考虑建筑自身的能耗及场地的生态价值，关注能源指标下的碳排放。

澳大利亚 NABERS 是一个真正意义的建立在建筑实际运行现状与情况基础上的评估体系，它重点关注的不是未建成的建筑，而是针对既有建筑在其运转过程中有关可持续发展的各因素进行评估。它覆盖建筑的整个使用生命周期，将参评建筑的能源消耗量转化为相应的温室气体排放数值，并根据基准碳排放参数进行评级。

4.1.3 国外立法相关制度经验

1. 建筑物维护管理制度（表 4-2）

表 4-2 建筑物维护管理相关制度借鉴

国家	名称	法律依据	内容
新加坡	《建筑物管理法》	（1）国土法：规定了国土登记制度、分层所有权制度、共有地产制度等，为建筑物的维护管理提供了基础； （2）建筑控制法：规定了建筑物的设计、施工、改造等方面的技术标准和要求，为建筑物的维护管理提供了依据； （3）健康与安全法：规定了建筑物维护工作的风险评估、控制措施、培训等内容； （4）消费者保护公平交易法：规定了消费者在购买商品或服务时享有权利和保护，包括商品或服务质量、描述、适用性等内容	自 1989 年 5 月 1 起实施，强制性规定了建筑物检测相关内容，规定了住宅建筑每 10 年、非住宅建筑每 5 年进行检测，定期结构检查既有房屋、临时建筑物，并明确检测人员和机构，主要内容包括建筑工程管理、空调机组安装和翻新、危险建筑物处置、建筑物检测和其他规定
	《建筑物维护和分层管理法》		于 2005 年 4 月 1 日施行，除了规定建筑物日常维护，还提出"建筑物分层管理"的概念，即对建筑物的专有部位和共有部位管理方式不同，对建筑的专有部分的所有权和对共有部位的共有权和共同管理权
美国	《立面检查安全计划》		要求 6 层以上建筑物的业主每 5 年检查一次外墙和附属物。质量检测人员必须向纽约市建筑部提交一份技术性建筑立面报告，检查结果分为三类，"安全""不安全"或"须维护"。对于检查结果为"不安全"的建筑，须在 30 d 内采取修缮措施

续表

国家	名称	法律依据	内容
英国	《建筑物维护管理指南》	（1）健康与安全法（建筑物维护工作的风险评估、控制措施、培训等内容）； （2）建筑法规（规定了建筑物的设计、施工、改造等方面的技术标准和要求，包括建筑物的结构、防火、节能、通风等内容）； （3）租赁法（规定了租赁关系中各方的权利和义务，包括租赁合同的内容、租金的支付、维修责任的分配等内容）； （4）消费者权利法（规定了消费者在购买商品或服务时享有的权利和保护，包括商品或服务的质量、描述、适用性等内容）	对建筑定期检查做出规定：一般检查周期为1年，在房屋使用者预算范围内，聘请合适的专业人员并在其指导下观察房屋的主要构件并完成检测。房屋的详细鉴定周期应不超过5年，由专业鉴定机构的人员对建筑物进行勘察及检测、建筑物日常保养维修管理等。此外，指南涵盖了建筑物维护管理的策略、计划、执行、评价等方面，适用于各种类型和规模的建筑，包括住宅、商业、公共建筑
日本	《日本建筑物管理指南》	（1）建筑基准法：规定了建筑物的场地、建造、设备和使用的最低标准，以保护人民的生命、健康和财产安全，涉及结构设计、防火安全、建筑设备、土地使用、区域规划等方面的技术要求； （2）建筑业法：规定了建筑商、建筑师、施工管理技师等从业人员的资格审查、登记、监督和处罚等事项； （3）建筑物区分所有法：适用于公寓等共同住宅，规定了区分所有建筑物的法律关系、管理机构设置与管理人选聘、集会决议的制定与效力、建筑物的维护与重建等事项	旨在提高建筑物的安全性、耐久性、节能性、舒适性等方面的管理水平。指南涵盖了建筑物的设计、施工、运营和维护等各个阶段，适用于各种类型的建筑，包括住宅、商业、公共等

2. 建筑能效标识制度（表4-3）

表4-3　建筑能效标识制度

国家	能效标识制度	法律依据	内容
美国	能源之星	《能源政策法》	"能源之星"涵盖了多种产品，如家用电器、家用电子产品、加热和制冷设备、计算机及办公设备、照明设备、工业及商用产品、大型商业建筑物及新建的住房、门窗等。"能源之星"标识是颁发给产品耗电量比最低耗电量标准还要低的高效产品的，消费者可以通过该标识来选购节能产品，同时，依据联邦政令，还可获得政府的优先采购
日本	建筑物综合环境性能评价体系	《建筑基准法》	建筑物综合环境性能评价体系可进行"建筑物环境效率评价"和"$LCCO_2$评价"。"建筑物环境效率评价"明确地将建筑物的评价结果由高到低划分为 S、A、B+、B-、C 共5个等级，冠以"红色标签"，三星级B+以上为绿色建筑。"$LCCO_2$评价"则是针对从建筑建设、运用直至废弃的全生命周期 CO_2 排出量的 $LCCO_2$ 评价，将评价建筑与参考建筑的 $LCCO_2$ 进行比较，标明比率，同样划分为5个等级，冠以"绿色标签"。部分日本银行（如静冈银行）对获得建筑物综合环境性能评价体系认证的项目给予低息贷款的优惠政策
德国	能源认证证书	《能源服务法》《能源效率指令》《德国建筑节能条例》《德国可再生能源热力法》	不但要列明建筑的某一方面的能量消耗，整个建筑的整体耗能及建材生产过程中的耗能量也都要整体考虑，反映了建筑物的能耗属性，另外还包括对建筑物进行节能改造的建议、措施及注意事项等
法国	建筑节能标识	《建筑热工法》《高环境质量认证》	建筑的能效标识由法国国家标准局委托认可的建筑事务所进行，要对房屋的面积、污染物和能耗等进行法定的检测。如果不合格（即达不到目前的标准要求）必须整改，达到标准则由法国国家标准局公证人员颁发证书并提供能效发票
英国	住宅能效证书	《建筑物节能指令》《英国住宅能效证书法规》《最低能效标准法规》	住宅能效证书标明该住宅能效标识，共分为7个等级，分别是A、B、C、D、E、F、G。A级住宅的能效表现最好，G级住宅的能效表现最差。除此之外还标出经"标准评估程序"计算得出的"能效分数"和"环境影响分数"

3. 超低能耗、近零能耗建筑等高水平节能建筑推动机制（表4-4）

表4-4 超低能耗、近零能耗建筑标准

名称	立法来源	内容
德国RAL认证体系下低能耗建筑	RAL-GZ965标准认证	其规定低能耗建筑的传热损失要比现行的EnEV2009低30%，同时对其他的指标例如保温、气密性和通风系统作了更严格的规定
欧盟近零能耗建筑法案	建筑物能效指令EBPD	（1）从2020年12月31日起，所有的新建建筑都是近零能耗建筑，即能效水平非常高、能耗极低且全部来自可再生能源的建筑。 （2）从2018年12月31日起，政府使用或拥有的新建建筑均为近零能耗建筑。 （3）从2028年起，所有的新建建筑都要达到零碳排放，即没有化石燃料产生碳排放的建筑。 （4）从2026年起，公共机关所使用、营运或拥有的新建建筑也要达到零碳排放。 （5）在技术和经济可行的情况下，2028年起新建建筑也要装设太阳光电。 （6）所有住宅建筑要在2030年前达到E级、2033年达到D级的能效水平。非住宅和公共建筑要在2027年和2030年分别达到相同的能效水平。 （7）各成员国要制定国家翻修计划，包括支持措施、财政目标和监督机制，以提高现有建筑的能效和减少碳排放。 （8）当建筑物出售或出租时，必须出具能效证书，并在广告中注明。各成员国要建立公共在线数据库，提供能效证书和检查报告的信息。 （9）建立供暖和空调系统的检查制度或采取等效措施，以确保系统的良好运行和维护
建筑能效标准	建筑能效指令和能源效率指令	欧盟建筑能效标准是指欧盟为了提高建筑物的能效和减少碳排放而制定的一系列法律规范，主要包括《建筑能效指令》和《能源效率指令》。这些标准要求： （1）所有的新建建筑都要达到近零能耗建筑或零碳排放的水平，即能效水平非常高、能耗极低且全部来自可再生能源。 （2）所有的现有建筑都要进行节能翻修，以提高能效水平和减少碳排放。各成员国要制定国家翻修计划，包括支持措施、财政目标和监督机制。 （3）所有的建筑都要出具能效证书。各成员国要建立公共在线数据库，提供能效证书和检查报告的信息。 （4）建立供暖和空调系统的检查制度或采取等效措施，以确保系统的良好运行和维护。 （5）促进可再生能源在建筑中的使用，特别是太阳光电。 （6）推广智能技术和数字化解决方案，如建筑翻修护照和智能就绪指标

续表

名称	立法来源	内容
能效认证标准	建筑能效指令	能效标签为消费者提供了产品的能效等级和其他相关特性的信息。能效等级从 A（最高）到 G（最低）分为 7 个类别，其中 A 类别可能还有 A+、A++或 A+++的细分。生态设计法规为产品制定了最低的能效和环保要求，以淘汰市场上最差的产品，并促进制造商采用更节能和环保的技术
日本第四次能源基本计划	—	多措并举推动超低能耗建筑（ZEB）的普及，日本政府开展了多项推动措施，覆盖与零能耗建筑发展相关的节能建筑、低碳建筑、智能建筑、长寿建筑、健康建筑、可持续建筑等，包含了政府补助、信贷、税收等多种激励方式。 （1）ZEB 规划公司/ZEB 领先业主登记制度。包括设计公司、设计施工公司、咨询公司等，ZEB 规划公司会为业主提供有效的咨询活动，帮助业主构建 ZEB 的建设方法。 （2）建筑节能性能标识制度。日本的新建筑节能法推出了住宅版的 BELS 制度，通过法律法规的形式把节能建筑标识发放范围扩大到普通居住建筑，标识不仅可以固定于楼宇内外展示，也可用于广告宣传、买卖和租赁合同之中。 （3）ZEB 导向。对于建筑面积≥10 000 m^2 的建筑物，若其达到了按各个建筑用途规定的节能率，则授予 ZEB 导向级别（相当于 BELS5 星级），同时在此基础上形成了包括 ZEB 在内的 ZEB 系列楼宇的新评价方法。 （4）多功能楼宇改建 ZEB。对传统整栋建筑进行 ZEB 评价的方法进行改变，针对复合型楼宇的一部分作为评价对象，仅针对部分建筑物用途进行 ZEB 评价，把评价对象作为 ZEB 改造的重点内容。 （5）知识共享与宣传。针对不同的建筑类型和从业人员，政府推出相应的设计指南和宣传手册，例如面向楼宇设计人员的设计指南，面向楼宇业主的宣传手册

续表

名称	立法来源	内容
欧洲 2020 计划	—	在可持续性增长方面，欧洲 2020 计划实现了"20/20/20"气候/能源目标，即温室气体排放比 1990 年减少 20%，可再生能源使用比例达到 20%，能源利用率提高 20%；推进了高效利用资源的欧洲计划，提倡循环经济和绿色增长；加强了产业政策全球化计划，支持了欧洲工业技术的竞争力和创新能力

4.2 国内经验做法

4.2.1 省外经验做法

1. 深圳市发布政策给予绿色建筑发展适当激励

2022 年 6 月深圳市发布《关于支持建筑领域绿色低碳发展若干措施》中对获得绿建标识认证的项目最高星级奖励 100 元/m²，单个项目上限为 700 万元；每宗地奖励 3 万元。2022 年 7 月实施《深圳经济特区绿色建筑条例》对绿色建筑给出了激励政策，对建设、改造、购买、运行绿色建筑和符合实施绿色建筑发展要求的，市住房建设主管部门可以会同规划和自然资源等相关部门制定和实施以下激励政策：

（1）因采取隔热保温、遮阳、隔声降噪、可再生能源利用等绿色建筑发展相关技术措施而增加的建筑面积，不计入容积率核算。

（2）采用装配式等新型建筑工业化建造方式的绿色建筑，其外墙预制部分建筑面积可不计入容积率核算，最大不得超过建筑单体地上建筑面积的 3%。

（3）使用住房公积金贷款购买高于国家绿色建筑评价标准一星级的绿色建筑自住房的，贷款额度可按照不超过地方规定的比例上浮。

（4）采用最高等级标准建设的绿色建筑项目，可以在各类建筑工程奖项的评审中优先推荐。

4.2.2 省内市州经验做法

1. 成都市以立法引领绿色建筑高质量发展

1）完善政策标准

出台《成都市绿色建筑促进条例》，将建筑节能、装配式建筑相关要求纳入其中，建立健全绿色建筑全链条管理机制，明晰职能职责、引导激励措施，形成绿色建筑发展合力；印发《关于进一步明确我市民用建筑执行绿色建筑等级要求的通知》，进一步提升绿色建筑执行要求，其中新建政府投资公益性建筑、2 万 m² 以上大型公共建筑不低于二星级、超高层建筑不低于三星级；印发《关于做好成都市绿色建筑标识管理的通知》，明确我市绿色建筑标识管理要求；在落实国家建筑节能强制性标准基础上，发布《成都市民用建筑节能设计导则及审查要点（2022版）》，将民用建筑平均节能率提升至72%。

2）加强全过程监管

一是持续强化建设过程管理。落实土地出让建设条件通知书制度，在每宗拟出让土地建设条件通知书中明确绿色建筑建设要求；严格施工图设计文件专项审查制度，对绿色建筑施工图设计文件实行专项审查，不合格不得出具审查合格书；将改变绿色建筑政策标准纳入重大设计变更管理。二是健全日常监管。建立季度统计制度，每季度分析梳理全市绿色建筑发展情况；开展年度专项检查，2次组织对全市绿色建筑实施情况进行检查，通报检查情况并对存在问题的市场主体实施信用扣分。三是强化运行管理。开展绿色建筑用能监管，升级成都市公共建筑能耗监测信息化系统，新增能耗在线监测公共建筑34栋；超额完成全市2 526栋建筑（5 196万 m^2）和21个行政村（552.4万 m^2）的能源资源消耗统计；积极推进既有公共建筑节能改造，完成改造58万 m^2。

3）强化示范引领

一是强化激励引导。制定绿色建筑补贴政策，对达到高星级绿色建筑、A级及以上装配式建筑、超低能耗建筑示范项目给予资金补助。申请住房和城乡建设厅专项资金，对具有示范效应的超低能耗建筑项目等予以补贴。二是推进可再生能源建筑应用。落实碳达峰、碳中和工作要求，深入开展太阳能、浅层地热能等可再生能源建筑应用研究，推广绿色低碳新技术，提升绿色建筑品质。三是鼓励开展绿色建筑标识认定。通过对绿色建筑标识项目给予核价优惠政策，积极鼓励市场主体申请绿色建筑标识；完成2个二星级绿色建筑项目初审推荐。

2. 攀枝花市因地制宜全面推行绿色建筑

1）扎实开展绿色建筑工作

全面落实《攀枝花市绿色建筑创建行动实施方案》，指导全市绿色建筑创建行动工作，抓源头管理，全面推行绿色建筑；起草完成《攀枝花市绿色建筑标识管理实施细则（征求意见稿）》，面向社会及各单位征求意见；进一步完善绿色建筑专家库，积极引导项目建设单位、运营单位或业主单位开展星级绿色建筑标识申报工作；根据本市建筑基本概况，摸索制定了《绿色低碳建筑层级菜单（讨论稿）》。

2）推动建筑节能规模化发展

组织召开全市《攀西地区民用建筑节能应用技术标准》宣贯培训会；持续完善建筑节能各环节闭合监管制度，把好建筑节能检查验收关；以新颁布的《建筑节能与可再生能源利用通用规范》为基础，结合本市实际，进一步优化太阳能系统形式，加大太阳能与建筑一体化规模化应用进程。

3）大力发展绿色建材

有序开展省绿色建材标识评审工作，积极推进蒸压加气混凝土砌块对比实验，督促对比实验施工，不定期召开技术分析会，解决蒸压加气混凝土砌块在我市民用建筑应用过程中出现的开裂等质量问题，以制定出适合我市气候特点且满足相关标准要求的加气混凝土砌块、板材的设计、施工和验收技术要点。

第 5 章

展望与探讨

"十四五"时期是开启全面建设社会主义现代化国家新征程的关键时期，也是城乡建设领域碳达峰的攻坚期、窗口期。目前，全省城镇化处于加快推进期，城乡发展不断深度融合，人民群众对美好居住环境的需求越来越高，资源能源需求持续刚性增长，绿色建筑与建筑节能发展面临巨大挑战和发展机遇。为此，下一步要坚持稳中求进的工作基调，坚持系统谋划、分步实施，从以下三个角度发力，以绿色低碳发展为引领，推进城市更新行动和乡村建设行动，加快转变城乡建设方式，提升城乡建设绿色低碳发展质量。

5.1 健全法规标准体系

积极遵循国家碳达峰碳中和目标要求，构建有利于全省城乡建设绿色低碳发展的法规体系，增强绿色建筑与建筑节能法规的针对性和有效性。推动修订《四川省民用建筑节能管理办法》，有效衔接城乡建设领域碳达峰碳中和目标要求，将绿色建筑有关要求纳入修订内容，规范引导绿色建筑与建筑节能健康发展。紧跟国家绿色低碳步伐，研究制定节能低碳建筑技术标准，建立健全绿色建筑与建筑节能技术标准体系。制（修）订零碳建筑、近零能耗建筑、绿色建筑、绿色建造、农村居住建筑节能等地方标准，完善建筑与市政基础设施节能相关产品标准。探索开展建筑能效测评标识试点，逐步建立能效测评标识制度。

5.2 鼓励试点示范项目

引导城乡建设绿色低碳发展，在区域代表性强、带动作用明显的市（州）开展绿色建筑与建筑节能试点示范工作，发挥好试点示范对全局性工作的突破和带动作用。支持大型公共建筑等新建建筑提升建筑节能标准，鼓励执行超低能耗建筑、近零能耗建筑标准。结合城镇老旧小区改造，积极开展既有居住建筑节能改造，提高建筑用能效率和室内舒适度。支持成都天府新区集中供热制冷项目建设、攀枝花申报城乡建设领域绿色低碳城市等示范工作，在省内形成试点示范效应。指导德阳、泸州开展政府采购支持绿色建材促进建筑品质提升试点工作。

5.3 强化科技创新支撑

绿色技术创新对实现发展方式从资源驱动转向创新驱动具有积极意义，是绿色低碳发展的重要推动力，是实现高质量发展的关键。应加强城乡建设领域绿色技术攻关，聚焦建筑业转型升级、绿色低碳建筑、城乡建设信息化等方向，安排专项资金予以引导，激励企业加大科技创新投入，解决城乡建设领域"卡脖子"关键核心技术的痛点、难点、堵点。绿色建筑与建筑节能行业的领军企业及科研院所等可组建创新联合体，创建重点实验室、工程（技术）研究中心、技术创新中心等国家级或省级创新基地、创新平台。